NiPPO

信頼とまごころのおつきあい

包装も環境を考える時代です

🦋 環境に配慮した材料を使用した緩衝材

ウッドパッキン

天然素材・無公害・再生可能な上質の国産松を、不要な木材の有効活用の一環として利用しております。通気性や吸湿性、温度調整などにおいて優れているほか、天然の木の香りも特長です。

リユースパッキン

100%近いリサイクル紙を材料に使用した緩衝材です。自然で優しい色合いです。

🦋 食品ロスを減らすために!

鮮度保持フィルム **O-CELLO FRESH**

オーセロオリジナルの鮮度保持袋です。袋内の気体構成をコントロールし、青果物の保存に理想の環境を作ります。野菜が長もちすることで廃棄が減り食品ロスも減らすことができます。

ガスもこもらず、水分もちょうど良い！
いきいき長もち！！

🦋 セロハンはパルプが主原料

セロパッキン
セロハン小巻

セロハンとは、紙と同様にパルプから製造された透明なフィルムです。紙と同様に焼却でき、燃焼ガスによる2次公害はありません。土壌中やコンポスト中で速やかに分解され、水と二酸化炭素になります。

バイオマス 80
使用部位:製品本体
No.090017

🦋 接着剤不使用!

100%パルプのキッチンペーパー

厨（くりや）

オーセロオリジナルのキッチンペーパーです。接着剤不使用の100%純粋パルプ製品で、食品にも安心してご使用いただけます。また廃棄も簡単です。

バイオマス 100
使用部位:製品本体
No.100024

🦋 再生紙と植物インクをを使用した包装紙

KWブランシュロール

古紙パルプ100%のペーパーに植物由来のバイオマスインクで印刷をしました。片面が撥水加工ですので、フィルムを使用せずに生花等のラッピングが可能です。
(完全な防水対応品ではありません)

バイオマス 20
使用部位:インクの一部
No.170044

R100
古紙パルプ配合率100%再生紙を使用

🦋 植物インクを使用した簡易ラッピング袋

OSAレースバッグ・
OSAブランシュバッグ

持ち手付きのラッピングバッグです。バイオマスインクを使用しました。底があり自立するのでトレー等は不要です。厚手ですのでお持ち帰り後も繰り返しご使用いただけます。
(レジ袋有料化の対象外品です)

バイオマス 10
使用部位:インクの一部
No.170055

企画・製造・販売からノウハウ提供まで
包装資材のトータルサポート
しなやかに未来を包むクオリティ
株式会社 オーセロ

〒503-0936
岐阜県大垣市内原 1-75-2
TEL 0584-89-1557　FAX 0584-89-7205
HP http://www.o-cello.co.jp/

樹脂のトータルプランナー

岡本化成株式会社

〒794-0804　愛媛県今治市祇園町3-4-15
TEL 0898-23-2300　FAX 0898-23-5337
http://www.okamoto-kasei.co.jp
E-mail:info@okamoto-kasei.co.jp

結束タイから袋まで

＜事業内容＞
合成樹脂延伸テープヤーン類及び、派生関連商品の製造販売
（素材：ポリエチレン、ポリプロピレン、ポリエステル他）

★ 延伸・未延伸テープ、フィルム

包装用発泡テープ、農業園芸用テープ、リボンテープ、ファッションバッグ用把握手テープ
カット品、通信ケーブル用標識テープ、導電性テープ、電線・ワイヤーロープ、コンテナー
バッグ用社名テープ、縫製用・工事用・包装用等基材

★ 撚紐・リボンテープ等商品画像

★ 各種形状リボン等商品画像

フラワー型　　　　　　　　　　ワンタッチ型　　　　　　　　　　カール型等

★ 生分解性結束材-「エコですタイ」

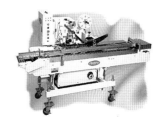

ジャバラ折り自動結束機　　　　針金ないオール樹脂　　　　　高速自動結束機
　　　　　　　　　　　　　　　「エコですタイ」結束例

★ 別注LLPE袋、シート
　　HDPE袋、シート
　　OPP袋、シート

製袋機　　　　　　　　　　　　　インフレーション押出

絆を包みたい

その昔、貴重な食料を家族に残しておくために。
包装という行為が本来もつ、そんなやさしい気持ち。
その中にこそ、人から人へ、愛を伝える資格があるのかも知れません。
食品、医薬品から電子部品まで。
さまざまな分野の最先端ニーズに技術で応えるダイワパックス。
テーマは、仕事を通じて私たちの心を感じていただくこと。
技術開発は、そのための手段だと考えます。

90度旋回ハンドリフター 胴受けタイプ

最大荷量250kg、最大径φ600mm、最大幅1200mm

パレットの縦積みロールの搬送に便利なハンドリフター。　昇降と旋回は油圧作動で、走行は手動。

底板はSUS製とし、ロールの積み込み時に滑りやすくしています。　パレット高さは110mm以上です。

底板は取外しができ、水平状態でスリッター機への架設や、パイプ吊りされたロールの受け取りができます。

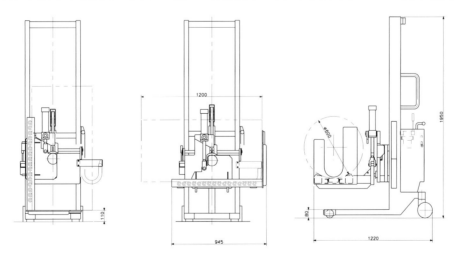

株式会社 片岡機械製作所

本社	〒799-0431
	愛媛県四国中央市寒川町4765-46

電話 0896-25-0102　FAX 0896-25-1814
ホームページ　http://www.kataoka.co.jp
email：machine@kataoka.co.jp

東京営業所	〒105-0012
	東京都港区芝大門1-4-4 ノア芝大門412号
	電話 03-3438-2366　FAX 03-3438-2664

大阪営業所	〒532-0004
	大阪市淀川区西宮原1-8-48 ホワイトハイデンス303号
	電話 06-6396-7351　FAX 06-6396-7485

リメイクパレット（再生パレット）

〈リメイクパレットとは〉

① パレットの分解
ダメージの著しいパレット、原料などの輸入時に付いてきたパレットなど、不要なパレットを分解

リメイクマシンのカッター部

どちらか一面の板を切り離す

もう一面の板を切り離す

全ての板と桁をバラバラに

② 材料の切りそろえ
分解した材料に残った釘を処理し、必要であれば
長さを切りそろえる

取り出した板のカット

取り出した桁のカット

③ パレットの製作
取り出された材料を使って
パレットを製作

パレットへ生まれ変わります

④ マテリアルリサイクル
使えない材料は、
外壁ボード原料などの
マテリアルリサイクルへ

使えない材料はマテリアルリサイクル

導入メリット

- ・ゼロエミッションに貢献
  不要パレットの有効活用で廃棄物の排出量を減らします
- ・新規購入費を削減
  リメイクパレットの活用で、パレットの新規購入費を削減

- ・廃棄処理費用を削減
  廃棄物の処理費用の大幅な削減
- ・サスティナブルな物流環境へ
  リメイク(作り直し)、リユース(再利用)、リペア(修繕)の組
  み合わせにより地球環境にやさしい物流環境をお手伝い

防虫処理不要の輸出パレット「LVLパレット」

輸出パレットの決定版！

累計出荷台数 50万台突破!!

各国の検疫規制（国際基準No.15）対象外の素材です。
規制が厳しくなる傾向にある中国向けにも対応いたしま
す。一般的な針葉樹材に
比べ強度が高くコストダウ
ンが可能。お客様のニー
ズに合わせたオリジナル
サイズでお届けします。

ダイトーロジテム株式会社

愛知県弥富市楠2-9
電話　0567-68-1930　FAX　0567-68-1933
ホームページをご覧ください。 http://daito-logitem.jp/

充填包装

ビーエイチエヌ(株)では、健康食品の商品企画・処方組み、原料調達、品質管理、アフターフォローなど時代のニーズに対応した開発から製造までをトータルサポート。自社工場にスティック、瓶、アルミ袋、PTPシートなどあらゆる充填ラインを揃えて対応いたします。また他に類を見ない独自の新規形態『Tパウチ』によるドリンク・ゼリー充填、異種混合PTP充填による製品設計など幅広い企画提案を行います。

◆Tパウチ

フィルム包装によるドリンク、ゼリーの充填

- ●携帯性に優れ、通勤・スポーツなど様々なシーンで利用可能
- ●簡単に手で開封でき、廃棄時にも分別不要なエコ仕様
- ●軽量包装による輸送コストの削減
- ●フィルム印刷面の広さによる有効な商品PR

◆異種混合PTP充填

これまでになかった、食品だからできる同一PTPシートに異種サプリメントを充填

◇マルチPTP充填

ソフトカプセル、ハードカプセル、錠剤を一つのPTPシートに充填

- ●個々の製剤をそれぞれPTPポケットに入れて充填することにより製剤同士のくっつき・反応を防止(フレッシュ包装)
- ●1シート1日分、1列1日分など利用シーン設計、粉成分、油成分を気にすることなく、幅広い処方設計が可能

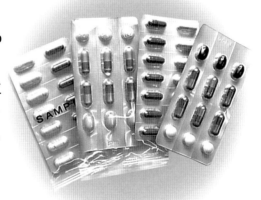

◇ツーセットPTP充填

異なる2つのハードカプセルを一つのPTPシートに充填

- ●朝用・夜用、運動前・運動後など利用シーンによる異なる成分を配合したカプセルの充填
- ●反応性のある原料でも異なるカプセルに充填・包装
- ●2×7のPTPシートで1日2粒・1シート1週間分の設計も可能

Beauty Health Nutrition

ビーエイチエヌ株式会社

本　　　　　社	東京都千代田区神田錦町1 - 16　〒101-0054	TEL 03-5281-5661
大 阪 営 業 所	大阪府大阪市中央区平野町4-6-3　〒541-0046	TEL 06-6228-6100
播磨生産開発センター	兵庫県たつの市新宮町光都1-472-41　〒679-5165	TEL 0791-59-8282

曲面印刷機（ドライオフセット印刷機）の生産性向上に
印刷版への特殊コーティング処理

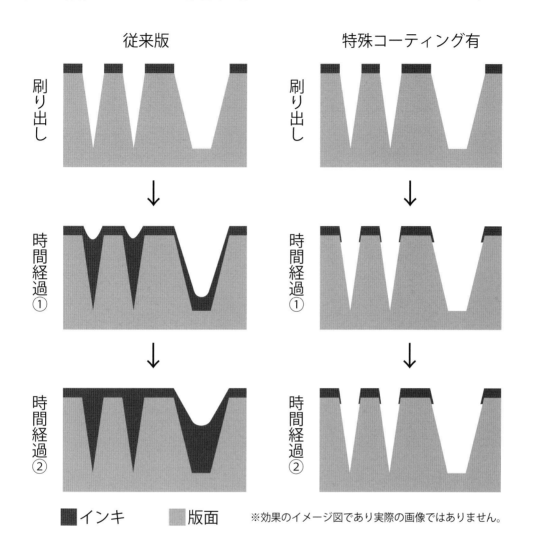

従来版 / 特殊コーティング有

刷り出し → 時間経過① → 時間経過②

■ インキ　■ 版面　※効果のイメージ図であり実際の画像ではありません。

特殊コーティングを施すと

● 抜き文字、細字、網点部等へのインキ詰まりが画期的に軽減されます。
● 版へのインキの堆積が防げますので、印刷品質が長期に渡り安定します。
● 印刷途中での版洗浄に関わる資材、時間等諸々のロスが画期的に軽減され、印刷機の稼働率
　が向上します。
● 異物（ゴミ等）の付着が発生してしまった場合でも、版上に長期に滞在することがありません。
● 版交換時等の版洗浄作業が飛躍的に軽減されます。

ホームページをリニューアルしました。http://tokuabe.com

株式会社 特殊阿部製版所

本　　　社：東京都江東区平野3-8-6　　　tel 03-3643-5311　fax 03-3643-5314
北関東営業所：栃木県佐野市大橋町3204-4　tel 0283-23-4133　fax 0283-23-6377

ハイパック

チャックテープ 製造・販売

ハイパック株式会社

URL http://www.hi-pack.jp

〒105-0012　東京都港区芝大門一丁目13番7号
TEL（03）6860-8189 FAX（03）5403-6770

大阪営業所　〒550-0011　大阪市西区阿波座一丁目4番4号（野村不動産四ツ橋ビル3階）
　　　　　　TEL（06）6578-5209　FAX（06）6578-5220
龍野工場　〒679-4155　兵庫県たつの市揖保町揖保中251番地1
ISO9001
ISO14001　TEL（0791）67-0682　FAX（0791）64-9036

FUKUSUKE KOGYO CO.,LTD.

環境を考えると、原料が変わりました。

福助のバイオレフィン®

新素材 サトウキビ原料の
バイオマスポリエチレン使用

バイオマスポリエチレンは、サトウキビの砂糖成分以外（廃糖蜜）から作られているんだよ。

大気中のCO2を増やさない
カーボンニュートラルという考え方

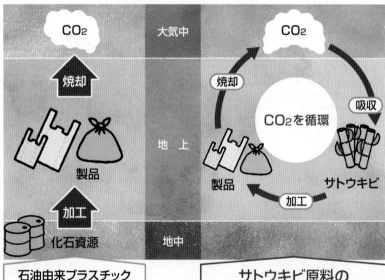

例えば レジ袋として使用した場合、石油由来の原料から作られたレジ袋に比べて、原料製造から焼却廃棄の工程を合わせて

CO2の排出量は約65%※ 削減可能です！！

※バイオマス原料100%使用した場合
※参考資料：社団法人 プラスチック処理促進協会HP　社団法人 プラスチック処理促進協会「樹脂加工におけるインベントリデータ調査報告書」　財団法人 省エネルギーセンターHP
　　　　　環境省HP「環境省及び経済産業省が公表している平成18年度の電気事業者別排出係数」　豊田通商株式会社HP

 福助工業株式会社

■本社／〒799-0495　愛媛県四国中央市村松町190
TEL（0896）24-1111（代）　FAX（0896）23-8745
http://www.fukusuke-kogyo.co.jp/

包装関連資材カタログ集

2021年度版

総　目　次

広 告 索 引

資 材 別 掲 載 一 覧 (掲載順)

掲 載 社 名 一 覧 (50音順)

フィルム
シート
レジン

食品ロス削減に貢献する
トレーガスパック用シュリンクフィルム

エコラップ® G の特長

- ●耐ピンホール性に優れる
- ●防曇性に優れる
- ●バリアー性に優れる

ガスパック包装により
消費期限の延長が可能!

エコラップ® BSS-V2 の特長

- ●透明性に優れる
- ●防曇性に優れる
- ●バリアー性に優れる

用途例

精肉、鮮魚、ハム、ベーコン、餃子、唐揚げ 等

環境に優しい
液体充填用スパウトパウチ

OKスパウト®

- ●中身をムダなく使い切ることができる
- ●ボトル容器と比べて樹脂量減
- ●薄膜化や意匠性の向上

センタースパウト
タイプ

コーナースパウト
タイプ

食品自動包装用フィルム

Dフィルム

- ●低温シール適性に優れており、シール温度領域も広い
  - ・D-1タイプは、柔らかく引裂強度や屈曲ピンホールに強い
  - ・D-2タイプは、コシ強度を有しており破袋に強い
- ●冷蔵・冷凍に適した耐寒性を有します
- ●用途に応じた、単層・多層タイプのご提案が可能です

用途例

カット野菜、生・冷凍麺、その他冷凍食品 等

大倉工業株式会社

本社/香川県丸亀市中津町1515番地 〒763-8508
TEL（0877）56-1150・FAX（0877）56-1239
ホームページ http://www.okr-ind.co.jp

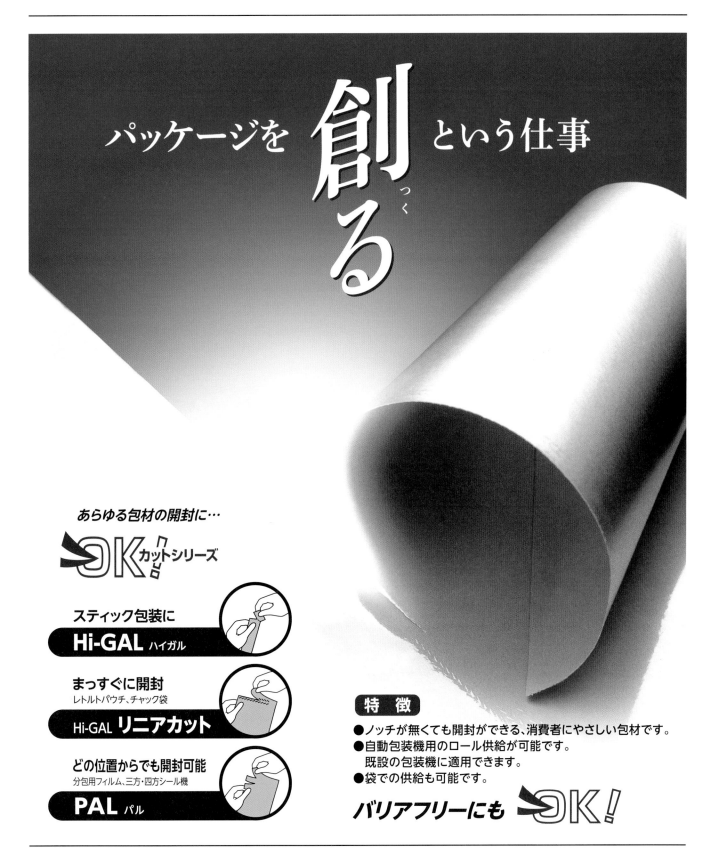

「エバール®」樹脂&フィルム

「エバール®」について

「エバール®」は、クラレが1972年以来製造販売しているエチレン-ビニルアルコール共重合樹脂の登録商標です。「エバール®」はポリビニルアルコールの特長である優れたガスバリア性、耐有機溶剤性とポリエチレンの特長である熱溶融成形性、耐水性を合わせ持つ結晶性ポリマーで次のような分子構造を持っています。

$$-(\ CH_2-CH_2)_m-(\ CH_2-CH)_n-$$
$$OH$$

「エバール®」は、エチレン共重合比率及び溶融粘度を適切に選択することにより、いくつもの高機能をハイガスバリア性と同時に発現することができ、食品を中心とした、広い用途に用いられています。

「エバール®」の代表的な特長

■ハイガスバリア性
酸素をはじめ、気体をほとんど通しません。

■耐油性、耐有機溶剤性
油類、有機溶剤を含む薬品の包装や、防汚染性目的の壁紙用途に適しております。

■保香性
商品の香りを保持し、いやな臭いを寄せつけません。

■非吸着性
各種フレーバー、薬効成分等を吸着しません。

■ヒートシール性
バリアシーラントとしてもお使いいただけます。

■透明性
黄変もなく、光沢と透明度で商品の美しさを引き立てます。

■印刷適性
特別な表面処理を施すことなく、良好な印刷ができます。

■成形加工性
押出成形性が優れていますので、次の用途に適しています。

○フィルム成形　　　○共押出フィルム成形
○共押出シート成形　○共押出ボトル成形
○共押出チューブ成形　○共押出コート
○共押出ラミネート

「エバール®」樹脂の銘柄

■「エバール®」Mグレードは工業用に開発された銘柄で、エチレン共重合比率が最も低く、最も高いガスバリア性を有しております。

■「エバール®」Lグレードは食品用途ではエチレン共重合比率が最も低い銘柄で、最も高いガスバリア性を有しております。

■「エバール®」Fグレードはガスバリア性に優れており、自動車燃料タンク、ボトル、フィルム、チューブ、パイプ等幅広い用途で使用していただいております。

■「エバール®」Hグレードはガスバリア性と熱安定性のバランスに優れ、インフレーションフィルム用途に使用していただいております。

■「エバール®」Eグレードはエチレン共重合比率が高く、より優れた成形性、熱安定性を有しており、幅広い加工条件に対応できます。

■「エバール®」Gグレードはエチレン共重合比率が最も高く、ストレッチフィルム、及びシュリンクフィルムに使用していただいております。

株式会社 クラレ エバール事業部

〒100-8115　東京都千代田区大手町1-1-3（大手センタービル）
TEL（03）6701-1489　FAX（03）6701-1476
e-mail eval.jp@kuraray.com

kuraray

PLANTIC™〈プランティック〉
バイオマス由来の機能性包装フィルム
美味しさを保ち、フードロス削減と環境問題解決に貢献します。

1. バイオマス由来

カーボンニュートラルな素材で環境負荷低減に貢献

〈PLANTIC™〉HPグレード

	Biobased バイオベース	
Bioplastics バイオプラスチック e.g. biobased PE, PET, PA, PTT	**Bioplastics** バイオプラスチック e.g. PLA, PHA, PBS, Starch blends	
Non-biodegradable 非生分解		Biodegradable 生分解性
Conventional plastics 従来のプラスチック e.g. PE, PP, PET	**Bioplastics** バイオプラスチック e.g. PBAT, PCL	
	Fossil-based 石油ベース	

バイオマス No.190056

2. 生分解性

組み合わせる素材の選定次第で、
生分解性バリア包材の実現が可能

表基材（紙、セロファン、PLA等）
接着剤層
コア層
〈PLANTIC™〉HP
接着剤層
シーラント層（PBS等）

SOIL — OK biodegradable — TŪV AUSTRIA SOIL S0036
WATER — OK biodegradable — TŪV AUSTRIA WATER S0036
HOME — OK compost — TŪV AUSTRIA HOME S0036
OK compost — TŪV AUSTRIA INDUSTRIAL S0036

3. バリア性

優れたバリア性で
食品の鮮度や風味を保持

臭気

風味
味・鮮度
色・香り

酸素
O_2

株式会社 クラレ エバール事業部

〒100-8115　東京都千代田区大手町1-1-3（大手センタービル）
TEL（03）6701-1489　FAX（03）6701-1476
e-mail eval.jp@kuraray.com

地球の明日を考えて、原料を植物由来に変えました

関西化学のバイオマスポリエチレン
エコカインドフィルム

サステナブルな社会作りを目指して
地球環境の保全について私達フィルムメーカーが出来ることとして、
植物由来ポリエチレンをブレンドしたフィルムを提案します。

限りある化石資源の節約

再生可能な植物由来の有機性資源の活用

植物由来部は食糧問題と競合しないサトウキビの糖液残留を使用した原料

CO_2排出量の削減（カーボンニュートラル効果）

石化由来ポリエチレンと同等な強度と使い勝手

㊛ 関西化学工業株式会社

四国営業所／〒765-0001　香川県善通寺市仙遊町一丁目9番11号
TEL.0877-63-0411　FAX.0877-62-6798

大阪営業所／〒541-0044　大阪府大阪市中央区伏見町4-1-1　明治安田生命大阪御堂筋ビル
TEL.06-6204-8593　FAX.06-7650-1332

サンテック Sフィルム® CP110

ハイシュリンクポリオレフィン系フィルム

様々な形状のトレーに適応

CP110の特長

熱収縮性

低温で最大80%まで収縮します。
さまざまな形状のトレーにぴったりフィットし、シワやたるみを防止します。

底シール性

ヒートシール性に優れ、底上げトレーでもピッタリと包装できます。
商品のドリップ漏れを防止できます。

回復性

商品の積み重ねや指押しによるフィルムのへこみ、たるみを抑制します。

容器変形抑制

収縮応力が低いため、容器への負担を低減し、変形を防ぎます。

AsahiKASEI
旭化成株式会社
パッケージングマテリアル事業グループ　フレキシブルパッケージ営業部
東京:〒100-0006　東京都千代田区有楽町1−1−2　日比谷三井タワー　TEL.03(6699)3423
大阪:〒530-8205　大阪府大阪市北区中之島3-3-23　中之島ダイビル　TEL.06(7636)3778
URL:http://www.asahi-kasei.co.jp/suntec-s/

東洋紡「パイレン®」フイルム-OT

（2軸延伸ポリプロピレンフィルム）
　東洋紡「パイレン®」フィルム-OTは、2軸延伸ポリプロピレンフィルムのパイオニアとしての歴史を有し、透明性、防湿性などにすぐれているため、幅広い用途に使用されています。

タイプ	品　名	厚さ(μm)	処理 コロナ	処理 易シール	特徴	用途例
無静防	P2102	20	巻内	—	透明性良好	ラミネート
	P2002	40	—	—	透明性良好	アルバム、繊維等
	P2108	30・40	巻内	—	高強度	粘着テープ等
帯電防止	P2161	20～60	巻内	—	標準品	一般ラミ、パートコート
	P2261	20～60	両面	—	標準品	一般ラミ、パートコート
	P2241	20・25	両面	—	強帯電防止	かつお、粉物等
	P2171	20・25・30	巻内	—	高耐熱・高剛性	ラミネート
	P2271	20・25・30	両面	—	高耐熱・高剛性	ラミネート
	P2111	20・30	巻内	—	高接着性	水性対応等
マット	P4166	20・25	巻内	—	艶消し(マット)	一般包装
S　L	P3162	20～50	巻内	巻外	片面ヒートシール	個包装
S　T	P6181	25・30	巻内	両面	両面ヒートシール	オーバーラップ
パールSS	P4256	50	両面	—	真珠光沢	包装紙、吸水紙等
高ヒートシール パールSS	P8155	30	巻内	—	片面高ヒートシール	冷食、冷菓等
パールST	P6155	35	巻内	両面	両面ヒートシール	オーバーラップ
F ＆ G	P5767	25・30・40	巻内	巻外	片面超低温ヒートシール 防曇OPP	縦ピロー 野菜包装全般
	P5562	15・20・25・30・40	両面	—	両面防曇	野菜包装、おにぎり等
	P5573	20・25・30・40	巻内	巻外	両面ヒートシール 防曇OPP(片面低温HS)	横ピロー 野菜包装全般
	P5569	25	両面	両面	両面ヒートシール 強防曇OPP	菌茸包装
	P5260	35	両面	両面	高剛性 両面ヒートシール	サンドイッチ等

東洋紡「パイレン®」フイルム-CT

（無延伸ポリプロピレンフィルム）
　東洋紡「パイレン®」フィルム-CTは、Tダイ法による無延伸ポリプロピレンフィルムです。高圧法ポリエチレンに比べ透明性が良く腰があり、水分遮断性が良い、ヒートシール性が良く、滑りが安定しています。

タイプ	品　名	厚さ(μm)	特　徴	用途例
一　般	P1011	25～50	標準品(PPホモタイプ)	繊維、雑貨
	P1111	25～50	同上のコロナ処理品	繊維、封筒、成型等
ラミネート	P1128	20～60	低温ヒートシール性良好	一般包装
	P1181	25～50	帯電防止性良好	粉物等
セミレトルト	P1153	40～80	耐寒衝撃性良好、透明性良好	煮豆、一般レトルト食品
	P1157	60	耐寒衝撃性・耐ブロッキング性良好	
ハイレトルト	P1146	50～80	耐寒衝撃性良好	ハンバーグ、カレー
	P1147	60～80	耐寒衝撃性・耐ブロッキング性良好	
	DC061	50～70	縦方向直進カット性良好	
パン用	P1162	30	艶消しタイプ	パン用(単体)

●本カタログの測定値は代表値です。

東洋紡「リックス®」フイルム

　東洋紡「リックス®」フィルムは、リニアーローデンシティポリエチレン（LLDPE）を原料とした無延伸フィルムです。ラミネートフィルムのシーラント材として低温ヒートシール性、耐寒性・耐破袋適性の優れた特性があります。

タイプ	品名	厚さ(μm)	特　徴	用途例
レトルト	L6100	50～70	セミレトルト(120℃以下)使用	レトルト食品、電子レンジ対応可
耐熱	L6101	40～80	真空包装、ボイル用 105℃以下使用	総菜
一般 (ノンパウダー)	L4102	25～100	ピロー包装、製袋用 95℃以下使用	チルド食品 菓子類
一般 (帯電防止)	L4182	30～80	帯電防止性良好	粉物 電子部品
低温ヒートシール (ノンパウダー)	L4103	30～70	ピロー包装、製袋用 90℃以下使用	液体スープ 水産練製品
高速低温 ヒートシール	L4104	40～60	自動充填・ホット充填用 ホットパック95℃以下	液体スープ ホット充填
	L3105	40・50	自動充填用 ホットパック80℃以下	液体スープ

●本カタログの測定値は代表値です。

Ideas & Chemistry
TOYOBO
東洋紡

東洋紡

■大　阪　〒530-8230　大阪市北区堂島浜二丁目2番8号(東洋紡ビル7F)
　　　　　大阪パッケージング営業部／TEL.大阪 (06)6348-3762～3765
　　　　　　　　　　　　　　　　　FAX.大阪 (06)6348-3769

■名古屋　〒452-0805　名古屋市西区市場木町390番地(ミユキビル2F)
　　　　　名古屋支社フィルム営業課／TEL.名古屋 (052)856-1633
　　　　　　　　　　　　　　　　　FAX.名古屋 (052)856-1634

■東　京　〒104-8345　東京都中央区京橋1丁目17番10(住友商事京橋ビル)
　　　　　東京パッケージング営業部／TEL.東京 (03)6887-8868
　　　　　　　　　　　　　　　　　FAX.東京 (03)6887-8870

■九　州　〒812-0013　福岡市博多区博多駅東2丁目17-5(A.R.Kビル8F)
　　　　　九州営業所／TEL.福岡 (092)451-3123
　　　　　　　　　　 FAX.福岡 (092)411-6681

https://www.toyobo.co.jp/seihin/film/package/

「東洋紡エステル®」フイルム

（2軸延伸ポリエステルフィルム）

「東洋紡エステル®」フィルムは、ポリエチレンテレフタレートを原料とした2軸延伸フィルムです。

すぐれた耐熱性、寸法安定性、耐薬品性、保香性、機械的強度を有し、一般包装用途・工業用途に広範囲に使用できます。

品　名	厚さ(μm)	特　徴	用　途　例
E5100	12・16・25	一般タイプ	一般包装 ボイル・レトルト
E3120	12	マットタイプ	艶消し包材
TF110	14	易引裂性ポリエステルフィルム ノッチ・孔あけ加工なしで手切れ可能	粉末等のスティック包装
ET510	12	ヨコ方向なき分かれ防止 ポリエステルフィルム	ノッチ入りのスティック包装 粉末小袋等
DE048	15・20	タフネス性良好	一般包装、ボイル、 レトルト
DE041	13	折り曲げ性、溶断シール性良好 帯電防止タイプ	防臭袋等
DE044	30	折り曲げ性良好 溶断シール性良好	ラベル等
E7700	12	軽ヒートシールタイプ	一般包装、茶袋等
DE046	20・30	片面高ヒートシールタイプ 保香性良好、折り曲げ性良好	一般包装、ラミネートシーラント 成形PETの蓋

東洋紡「エスペット®」フイルム

（2軸延伸ポリエステル系フィルム）

東洋紡「エスペット®」フィルムは、東洋紡が開発した新しいポリエステル系2軸延伸フィルムです。

エステルフィルムの持つ強い機械的強度に加え、耐ピンホール性、印刷及び接着適性のすぐれた包装用フィルムです。

品　名	厚さ(μm)	特　徴	用　途　例
T4100	9・12・16	易接着タイプ	一般包装　ボイル・レトルト
T6140	12	帯電防止性良好、易印刷	粉末包装等

東洋紡「ハーデン®」フイルム

（2軸延伸ナイロンフィルム）

東洋紡「ハーデン®」フィルムは、ナイロン6を原料とした逐次2軸延伸フィルムです。

すぐれた強じん性、耐ピンホール性、耐熱性、耐寒性を有しており、液状、水物食品等の包装用に特にすぐれたフィルムです。

品　名	厚さ(μm)	特　徴	用　途　例
N1102	12・15・25	一般タイプ	一般包装
N2102	15・25	耐ピンホールタイプ	スープ袋、真空包装等
N4142	15	耐水接着タイプ(AR)	スープ袋、水物等
N5342	15	耐水接着タイプ(AR)	中使い
N5152	15	易滑タイプ(GS)、印字適性良好	漬物等
N1152	15	高易滑タイプ(ソフィー)、湿度依存性少	漬物等、自動充填
MX112	15	MXD6系共押出バリアナイロン 耐ピンホール性・透明性に優れる	半生菓子・ボイル食品 乾燥食品・水物食品等
NAP02	15・25	易滑耐水接着タイプ	水物
NAP22	15・25	易滑耐水接着タイプ	中使い
N1132	15	低収縮タイプ	フタ材、レトルト包装
N8102	15	PVDC コートバリアタイプ、ボイル可	漬物、スープ等
DN028	15	環境配慮型(植物由来) 一般タイプ	一般包装用
DN030	15		中使い

東洋紡「エコシアール®」

（無機2元蒸着　透明バリアフィルム）

東洋紡「エコシアール®」は、ナイロンフィルムやポリエステルフィルムにセラミック2元蒸着をした、塩素化合物を含まないバリアフィルムです。

バリア特性・透明性に優れ、印刷・ラミネート加工及び最終使用における品質低下が少なく、押出しラミネートも可能です。

ベース	品名	厚さ(μm)	コート	特徴	用途例
ポリエステル	VE100 (VE130)	12 (12・9)	—	バリア特性に優れる (背面コロナ:中使い用)	食品・非食品 一般バリア包装用途
	VE106	12	○	VE100のトップコートタイプ 汎用インキ・接着剤使用可能	食品・非食品 一般バリア包装用途
	※VA106	12	○	汎用インキ・接着剤使用可能	食品・非食品 一般バリア包装用途
	※VA107	12	○	一般バリアタイプ 加熱殺菌後のバリア性安定	食品・非食品 ボイル・セミレトルト用途
	※VA607	12	○	ハイバリアタイプ	食品・非食品　乾物 ハイバリア包装用途
	※VA604	12	○	ハイバリアタイプ 静電気防止タイプ	食品・非食品　乾物 ハイバリア包装用途
	※VA608	12	○	超ハイバリアタイプ	食品・非食品　乾物 ハイバリア包装用途
	VE707	12	○	ハイバリアレトルトタイプ 加熱殺菌後のバリア性安定	食品・非食品 ボイル・レトルト用途
	VE708	12	○	超ハイバリアレトルトタイプ 加熱殺菌後のバリア性安定	食品・非食品 ボイル・レトルト用途
	VE034 開発品	20・30	—	ヒートシールタイプ	フタ材 バリアシーラント
	VE036 開発品	15	○	耐ピンホール性向上 レトルト対応	食品・非食品 ボイル・レトルト用途
ナイロン	VN130	15	—	バリア特性・タフネス性に優れる 背面コロナ:中使い用	業務用・重量袋
	VN400	15	—	バリア特性・耐ピンホール性に 優れる	チーズ・BIB等 乾燥食品・水物食品
	VN406	15	○	VN400のトップコートタイプ 汎用インキ・接着剤使用可能	チーズ・BIB等 乾燥食品・水物食品
	VN508	15	○	ハイバリアタイプ	食品・非食品 ボイル用途

※アルミナ一元蒸着タイプです。

本カタログは、そこに記載の情報の適用によって得られる結果並びに本製品の安全性・適合性について保証するものではありません。お客様はその使用目的に応じて本製品の安全性・適合性につき確認して下さい。

本製品の取扱い時には、事前に製品安全データシート(MSDS)を良く読んで取扱って下さい。

Ideas & Chemistry

TOYOBO

東洋紡

東洋紡

■大　阪　〒530-8230　大阪市北区堂島浜二丁目2番8号(東洋紡ビル7F)
大阪パッケージング営業部／TEL.大阪 (06)6348-3762～3765
FAX.大阪 (06)6348-3769

■名古屋　〒452-0805　名古屋市西区市場木町390番地(ミユキビル2F)
名古屋支社フィルム営業課／TEL.名古屋 (052)856-1633
FAX.名古屋 (052)856-1634

■東　京　〒104-8345　東京都中央区京橋1丁目17番10(住友商事京橋ビル)
東京パッケージング営業部／TEL.東京 (03)6887-8868
FAX.東京 (03)6887-8870

■九　州　〒812-0013　福岡市博多区博多駅東2丁目17-5(A.R.Kビル8F)
九州営業所／TEL.福岡 (092)451-3123
FAX.福岡 (092)411-6681

https://www.toyobo.co.jp/seihin/film/package/

ユニチカ　ナイロン「エンブレム®」「エンブレム®DC」

エンブレムは、ユニチカの独自の延伸技術により開発した二軸延伸ナイロンフィルムです。プラスチックフィルムの中で、強靭性、柔軟性、耐破裂性などに比類のない特性を持っています。標準品の他に、易接着、帯電防止、易引裂、耐衝撃およびPVDC（ポリ塩化ビニリデン系樹脂）コート品などの種々の機能を備えた製品シリーズで、幅広いニーズにお応えしています。

エンブレムの規格

厚み（μm）	巾（mm）	巻長（m）	紙管
15	500〜 （20mmピッチ）	4000	3インチ
		6000	
25	500〜 （20mmピッチ）	4000	

※上記規格以外は加工費用の負担をお願い致します。

エンブレムDCの規格

厚み（μm）	巾（mm）	巻長（m）	紙管
15	500〜 （20mmピッチ）	4000	3インチ

※上記規格以外は加工費用の負担をお願い致します。

エンブレムの銘柄

グレード	銘柄	厚み（μm）	タイプ	処理 内面	処理 外面	特徴
標準	ON	15、25	一般、RT	コロナ		標準品です。ほとんどの用途に使用できます。
	ONBC	15 [25]	一般、RT	コロナ	コロナ	標準品の多層ラミの中使い用です。
易接着	ONM	15、25	一般、RT	易接着 コロナ		耐水易接着タイプです。密着性向上により特に、ボイル、レトルト用途に有効です。
	ONMB	15 [25]	一般、RT	易接着 コロナ	コロナ	多層ラミの中使い用、耐水易接着タイプです。
帯電防止	ONE	15	一般 [RT]	帯電防止 コロナ		帯電防止タイプです。粉物用途、埃付着防止などに有効です。
中収縮	MS	15	一般	コロナ		標準品より収縮性能を向上させたタイプです。 100℃5分の熱水収縮率がMD6%、TD4%となっています。
高収縮	NK	15	一般	コロナ		標準品より収縮性能を大幅に向上させたタイプです。 100℃5分の熱水収縮率がMD25%、TD27%となっています。
耐レトルト	NX	15	RT	易接着 コロナ		稀に発生するレトルト処理によるナイロンの劣化を抑制させたタイプです。耐水易接着性能も有しています。
ノンスリップ	NNEB	15	一般	帯電防止 コロナ	コロナ	難滑タイプで、帯電防止性能も有しています。 米袋用、荷崩れ防止用途などに有効です。
耐衝撃	ONU	15	一般、RT	コロナ		耐衝撃性能向上タイプです。耐衝撃に加え、耐突き刺しピンホール性も向上しており、冷凍食品、氷用途などに有効です。
		25	一般	コロナ		
耐衝撃 易接着	ONUM	15	一般、RT	易接着 コロナ		耐衝撃性能向上タイプのONUに耐水易接着性能も付与したタイプです。
ハイスリップ	NH	15	一般、RT	コロナ		スリップ性を向上させたタイプで、高湿度環境下においてもスリップ性の悪化を低減します。自動充填用途やパウダーレス用途、また、袋取り不良対策などにも有効です。
易引裂	NC	15	一般	コロナ		MD方向の直線カット性能を有したタイプです。
	NCBC	15	一般	コロナ	コロナ	MD方向の直線カット性能を有したタイプの多層ラミの中使い用です。
艶消し	[NZ]	[15]	一般	コロナ		ヘーズ50%の艶消しタイプです。
環境対応 （CE）	CEN	15	一般	コロナ		ケミカルリサイクルとマテリアルリサイクルによる再生樹脂を使用したタイプです。
	CENB	15	一般	コロナ	コロナ	CENの多層ラミの中使い用です。

※RT：袋のひねり防止、自動給袋用
※ [　] の製品につきましては営業担当者にお問合せください。

（UNITIKA）ユニチカ株式会社

フィルム事業部包装フィルム営業部

大　阪　〒541-8566　大阪市中央区久太郎町4-1-3（大阪センタービル）　電話06（6281）5553
東　京　〒103-8321　東京都中央区日本橋本石町4-6-7（日本橋日銀通りビル）　電話03（3246）7586
（ユニチカフィルムホームページ）http://www.unitika.co.jp/film/

エンブレムDCの銘柄

グレード	銘柄	厚み(μm)	タイプ	処理 内面	処理 外面	特徴
標準	DCR	15	一般	PVDC コート		ベースのナイロンがONグレードのPVDCコートタイプです。酸素バリア性は、65ml(20℃×65%RH)となっています。
	DCS	15	一般	コロナ	PVDC コート	DCRグレードの多層ラミの中使い用です。
	DCR(K)	25	一般	PVDC コート		ベースのナイロンがONグレードのPVDCコートタイプです。屈曲ピンホール性能を向上したタイプとなります。酸素バリア性は、50ml(20℃×65%RH)となっています。
	DCKU	15	一般、RT	PVDC コート		ベースのナイロンがONUグレードのPVDCコートタイプです。酸素バリア性は、45ml(20℃×65%RH)となっています。
ハイバリア	DCWU	15	一般	PVDC コート		DCKUグレードのハイバリアタイプです。酸素バリア性は、25ml(20℃×65%RH)となっています。

※RT：袋のひねり防止、自動給袋用
※[ ]の製品につきましては営業担当者にお問合せください。

ユニチカ 「エンブレム®」バリアナイロンフィルム

エンブレムバリアナイロンは、ボイル・レトルト処理可能な、新しいタイプのハイガスバリア性のフィルムです。ナイロンの強靭性と耐熱ハイガスバリア性を両立した、コーティングタイプのフィルムです。

エンブレムバリアナイロンの規格

厚み(μm)	巾(mm)	巻長(m)	紙管
15、25	500〜 (20mmピッチ)	4000	3インチ

※上記規格以外は加工費用の負担をお願い致します。

エンブレムバリアナイロンの銘柄

グレード	銘柄	厚み(μm)	処理 内面	処理 外面	特徴
ハイバリア	HG	15、25	コート		ボイル・レトルト専用のハイバリアタイプ。ボイル・レトルト処理することで酸素バリア性が5ml以下(20℃×65%RH)になります。
	HGB	15、25	コロナ	コート	ハイバリア品で多層ラミの中使い。
	NV	15 [25]	コート		ボイル・レトルト対応可能なハイバリアタイプ。ボイル・レトルト処理することで酸素バリア性が5ml以下(20℃×65%RH)になります。
	NVB	15 [25]	コロナ	コート	ハイバリア品で多層ラミの中使い。

※[ ]の製品につきましては営業担当者にお問合せください。

ユニチカ ナイロン系複層フィルム「エンブロン®」

エンブロンは、ユニチカが独自に開発した延伸技術による強靭性と高ガス遮断性を兼ね備えたナイロン系複層フィルムです。従来のフィルムにはない性能を備え、食品包装における多様化に対応したフィルムです。MXDやEVOHをバリア層に用いた製品をラインナップしています。

エンブロンの規格

厚み(μm)	巾(mm)	巻長(m)	紙管
15、25	500〜 (20mmピッチ)	4000	3インチ

※上記規格以外は加工費用の負担をお願い致します。

エンブロンの銘柄

グレード	銘柄	厚み(μm)	処理 内面	処理 外面	特徴
エンブロンM Ny/MXD/Ny	M200	15 [25]	コロナ		酸素バリア性は60ml(20℃×65%RH)となっています。
	M800	15	コロナ		酸素バリア性は80ml(20℃×65%RH)となっています。耐ピンホール性能に優れております。
エンブロンE Ny/EVOH/Ny	E600	15 [25]	コロナ		酸素バリア性は15ml(20℃×65%RH)となっています。

※[ ]の製品につきましては営業担当者にお問合せください。

UNITIKA ユニチカ株式会社

フィルム事業部包装フィルム営業部

大 阪 〒541-8566 大阪市中央区久太郎町4-1-3（大阪センタービル） 電話06（6281）5553
東 京 〒103-8321 東京都中央区日本橋本石町4-6-7（日本橋日銀通りビル） 電話03（3246）7586
（ユニチカフィルムホームページ）http://www.unitika.co.jp/film/

ユニチカ　ナノコンポジットガスバリアフィルム「セービックス®」

セービックスは、ナノコンポジット技術により非塩素系・非金属系素材の
超ハイガスバリア性を有する、コートタイプのフィルムです。

セービックスの規格

巾(mm)	巻長(m)	紙管
500～(20mmピッチ)	4000	3インチ

※上記規格以外は加工費用の負担をお願い致します。

セービックス® YON（バリアナイロンフィルム）

銘柄	厚み(μm)	処理 内面	処理 外面	特徴
YON	15 [25]	コート		標準品です。
[YONB]	[15、25]	コロナ	コート	標準品の多層ラミの中使い用です。
[YNC]	[15]	コート		MD方向の直線カット性能を有したタイプです。
[YNCB]	[15]	コロナ	コート	MD方向の直線カット性能を有したタイプの多層ラミの中使い用です。
[YNZ]	[15]	コート		ヘーズ50%の艶消しタイプです。

セービックス® YPET（バリアポリエステルフィルム）

銘柄	厚み(μm)	処理 内面	処理 外面	特徴
YPT	12	コート		標準品です。
[YPTB]	[12]	コロナ	コート	標準品の多層ラミの中使い用です。
[YPC]	[12]	コート		MD方向の直線カット性能を有したタイプです。
[YPCB]	[12]	コロナ	コート	MD方向の直線カット性能を有したタイプの多層ラミの中使い用です。
[YPZ]	[12]	コート		ヘーズ50%の艶消しタイプです。

セービックス® YOP（バリアポリプロピレンフィルム）

銘柄	厚み(μm)	処理 内面	処理 外面	特徴
YOP(M)	20	コート		標準品です。
[YOPB]	[20]	コロナ	コート	標準品の多層ラミの中使い用です。
[M2]	[20]	コート		マット調です。
[M2B]	[20]	コロナ	コート	マット調の多層ラミの中使い用です。

※［　　］の製品につきましては受注生産になります。営業担当者にお問合せください。

ユニチカ　ポリエステル「エンブレット®」「エンブレット®DC」

エンブレットは、ユニチカで培った延伸技術および素材技術によって生
まれた二軸延伸ポリエステルフィルムです。機械的強度、寸法安定性、
耐熱性、加工適性などの優れた特性をバランスよく兼ね備えています。
標準品の他に、易接着、帯電防止、易引裂、艶消し、蒸着用およびPVDC
（ポリ塩化ビニリデン系樹脂）コート品などの種々の機能を付与した製
品シリーズで、食品包装をはじめ幅広い分野に活用されています。

エンブレットの規格

厚み(μm)	巾(mm)	巻長(m)	紙管
12	500～(20mmピッチ)	8000	3インチ
		12000	
16、25	500～(20mmピッチ)	4000	

※上記規格以外は加工費用の負担をお願い致します。

エンブレットDCの規格

厚み(μm)	巾(mm)	巻長(m)	紙管
12	500～(20mmピッチ)	4000	3インチ

※上記規格以外は加工費用の負担をお願い致します。

エンブレットの銘柄

グレード	銘柄	厚み(μm)	タイプ	処理 内面	処理 外面	特徴
標準	PET	12	一般、RT	コロナ		標準品です。
		25	一般	コロナ		
易接着	PTM	12	一般、RT	易接着		易接着タイプです。特にインキ密着性に優れています。
		16	一般	易接着		
	PTMB	12	一般	易接着	コロナ	多層ラミの中使い用易接着タイプです。
帯電防止	PTME	12	一般	帯電防止 易接着		PTMをベースとした帯電防止タイプです。粉物用途、埃付着防止などに有効です。
プリントラミ	[PTMU]	12	一般	帯電防止 易接着	コロナ	易接着性能、帯電防止性能を有し、透明性にも優れています。プリントラミ用途にも有効です。
艶消し	PTH	12	一般	コロナ		ヘーズ20%の艶消しタイプです。艶消しタイプのアルミ蒸着用原反としても有効です。
	PTHZ	12	一般	コロナ		ヘーズ50%の艶消しタイプです。
易引裂	PC	12	一般	コロナ		MD方向の直線カット性能を有したタイプです。
	PCBC	12	一般	コロナ	コロナ	MD方向の直線カット性能を有したタイプの多層ラミの中使い用です。
環境対応 (CE)	CEP	12	一般	コロナ		ケミカルリサイクルとマテリアルリサイクルによる再生樹脂を使用したタイプです。
	CEPB	12	一般	コロナ	コロナ	CEPの多層ラミの中使い用です。

※RT：袋のひねり防止、自動給袋用　　※［　　］の製品につきましては営業担当者にお問合せください。

エンブレットDCの銘柄

グレード	銘柄	厚み(μm)	タイプ	処理 内面	処理 外面	特徴
標準	KPT	12	一般	PVDCコート		標準PETグレードのPVDCコートタイプです。（酸素バリア値は80ml）

(UNITIKA) ユニチカ株式会社

フィルム事業部包装フィルム営業部

大　阪　〒541-8566　大阪市中央区久太郎町4-1-3（大阪センタービル）　電話06（6281）5553
東　京　〒103-8321　東京都中央区日本橋本石町4-6-7（日本橋日銀通りビル）　電話03（3246）7586
（ユニチカフィルムホームページ）http://www.unitika.co.jp/film/

興人フィルム&ケミカルズは、環境にやさしいフィルムを用途に応じて種々の特性を持たせ、皆様に提供しています。

チューブラー法 二軸延伸ナイロンフィルム

ボニール®-RX 一般タイプナイロンフィルム

ボニール®-Q 耐水接着性ナイロンフィルム

ボニール®-HR 耐熱性ナイロンフィルム

ボニール®-S 熱水収縮性ナイロンフィルム

ボニール®-SPY 共押出バリアナイロンフィルム

ボニール®-K PVDCコートバリアナイロンフィルム

コーバリア® ハイブリッドコートナイロンフィルム

二軸延伸PBTフィルム

ボブレット ONYの強靭さとPETの耐熱性を兼ねそろえた新開発の機能性フィルム。環境負荷低減にも貢献します。

チューブラー法 二軸延伸シュリンクフィルム

コージンポリセット®
KOHJIN POLYSET
包装用PPシュリンクフィルム【高速ピロー包装機用】

コージンポリセット®CX
KOHJIN POLYSET-CX
包装用特殊PP系シュリンクフィルム【高速ピロー包装機用】

コージンポリセット®GK
KOHJIN POLYSET-GK
包装用多層PO系シュリンクフィルム【高速ピロー包装機用/半折自動包装機用】 ●汎用性

コージンポリセット®SW101
KOHJIN POLYSET-SW
包装用多層PO系シュリンクフィルム【ピロー包装機用/半折自動包装機用】

コージンポリセット®UM
KOHJIN POLYSET-UM
包装用特殊PE系シュリンクフィルム【中重量物用】 ●強靭性

KJ-CLG/KJ-CLH
包装用架橋PE系シュリンクフィルム【半折自動包装機用/ピロー包装機用】 ●高収縮性 ●仕上がり良好

コーラップ®CS Vegetables
あらゆる形状の野菜にフィットする高収縮率の架橋フィルム。透明光沢性の優れ、新鮮野菜をさらに引き立てます。

興人フィルム&ケミカルズ 株式会社　http://www.kohjin.co.jp

■本　社 〒105-0011 東京都港区芝公園2-6-15（黒龍芝公園ビル） TEL 03(5405)2720 FAX 03(5405)2740
■関　西 〒550-0013 大阪市西区新町1-13-3（四ツ橋KFビル） TEL 06(6534)9901 FAX 06(6534)9907
■九　州 〒810-0002 福岡市中央区西中洲12-33（福岡大同生命ビル） TEL 092(687)6100 FAX 092(687)6103

資材＋作業効率 でコストを考える!

資材のコストは目に見えるものばかりではありません。実際の作業にかかった時間、作業をする準備などの手間、失敗してしまったり、その都度でてしまうロス、ゴミも捨てることにコストがかかってしまう時代です。これらをトータルで考えたものが実際のコストなのです。

そこで…少し工夫をした いい資材を使ってみる･･･

そうすることで結果的に、人件費の削減やゴミの軽減、更には出来上がりの見栄えがよくなることにも繋がれば最高です。

だからこそ モット知って欲しい「**加工で変わる資材**」のこと。
そしてその**資材開発**のお手伝いをさせていただききます!

■パッキン加工

定番緩衝材のパッキンです。種類豊富な既製品のほか、少し工夫を加える事で、こだわりの一資材に変わります。

セロパッキン

紙パッキン

カット巾・あし長
カット巾は3種類。見た目や緩衝性に違いが出ます。

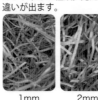

1mm　　2mm　　3mm

あし長は、見た目も若干異なりますが主に作業性に違いが出ます。

通常の長さ　　通常の半分の長さ

1mm　　2mm
他にも多数種類があります

印刷パッキン

お好みの柄やメッセージを紙に印刷したものをパッキンにすることができます。
メッセージカードの代わりや、ショップ名やブランド名を入れることもおすすめです。
紙の両面に印刷するとパッキンにした時にまんべんなく柄がでるようになります。

■断裁加工

包む商品に合わせた変形シートは仕上がりも抜群。素材にこだわったり、加工をプラスすることで中身も引き立ちます。

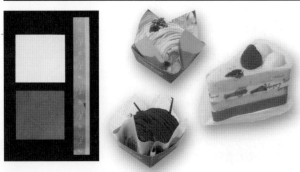

用途：花用シート・食品用掛紙など

包む物や掛ける物の大きさに合わせて、ご希望のサイズに断裁したシートです。ご希望枚数での梱包も可能です。

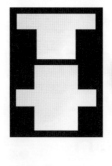

用途：鉢用ラップ・ロールケーキなど

包むものの大きさや形に合わせて型を作って抜いたシートです。作業の際にゴミがでず、スピードアップも図れます。

従来にとらわれない
柔軟な発想と広い視野とで
新事業の展開を目指す—

しなやかに未来を包む クオリティ
株式会社 オーセロ

〒503-0936
岐阜県大垣市内原 1-75-2
TEL 0584-89-1557　FAX 0584-89-7205
HP http://www.o-cello.co.jp/

■製袋加工

最も用途に適した袋を使う事で作業性だけでなく、商品も美しく仕上がり、使いやすさもアップします。

平袋

用途：野菜・お菓子・雑貨など

ガゼット袋

用途：野菜・果物・植物など

変形袋
用途：切花・鉢花・
葉野菜・カットスイカ・
キャンディ・クレープなど

■小巻加工

フィルムや不織布等のロールを、扱いやすい重量になるような巻M数や包むものの大きさを考えた巾に加工し作業効率を向上させます。

■感染予防アイテムのご提案

飛沫防止スクリーン用OPP小巻

別で用意した紙管に巻き取れば、毎日新しい面を使用することができます！シートを張り替えるよりもお手軽です！！

↑窓口となる分が開いた状態になります
場所に合わせて間隔を広げることができます

※感染防止のため、スクリーンフィルムは毎日新しいものに取り換えることをおすすめします

例
900mm巾の紙管に700mm巾のフィルムを巻き、下部を200mm開けました。

マスク型不織布シート

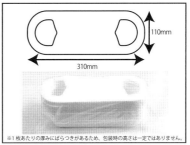
110mm
310mm
※1枚あたりの厚みにばらつきがあるため、包装時の高さは一定ではありません。

※すべてのウィルスの侵入を完全に防ぐものではありません。飛沫防止策の一環としてご使用ください。

市販のマスクのインナーとして　市販のマスクのアウターとして　単体でも使用可能

従来にとらわれない
柔軟な発想と広い視野とで
新事業の展開を目指す―

しなやかに未来を包むクオリティ 株式会社オーセロ
〒503-0936
岐阜県大垣市内原1-75-2
TEL 0584-89-1557　FAX 0584-89-7205
HP http://www.o-cello.co.jp/

五層ナイロンポリ規格袋

しん重もん
65μ・75μのラインナップで合計112サイズ
高強度五層チューブ規格袋！

シグマチューブ
サイドシールを取り除いてエコロジー・省コスト
60μ・70μのラインナップで合計133サイズ！

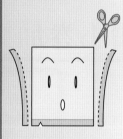

彊美人
きょうびじん
しなやかで美しく使いやすいナイロンポリ三方袋
70μ・80μ・90μ合計178サイズ、最強のラインナップ！

ハイバリア彊美人
きょうびじん
脱酸素剤を使える彊美人のハイバリア版
ハイバリアなのにしなやかな柔軟性

チルドポーク
豚肉用真空規格袋
作業性抜群！ 開口性良好、重ねシール可能

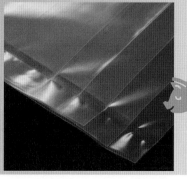
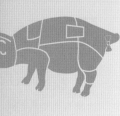

深絞り用フラットフィルム

透明性と光沢感に優れる美しいフィルムが内容物を引き立てます。
低温での成形性が良いため、きれいに成形できます。
ラミネート用の原紙としてもお使いいただけます。

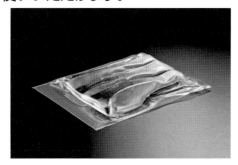

ミドルバリア

タイプ名	使用条件			構　成	備　考
	ボイル	レトルト	冷凍		
NF	○		○	NY/接/PE	
NNLF	○		○	NY/接/NY/接/PE	耐ピンホール
PNLF	○		○	PP/接/NY/接/PE	
LNLF	○		○	PE/接/NY/接/PE	
NPF		○		NY/接/PP	レトルト対応
BNLF	○		○	PBT/接/NY/接/PE	保香性

※EP:イージーピール

ハイバリア

タイプ名	使用条件			構　成	備　考
	ボイル	レトルト	冷凍		
NVLF			○	NY/接/EVOH/接/PE	
VNLF			○	EVOH/NY/接/PE	
NMZF	○		○	NY/接/MX-NY/接/PE	ハイバリアナイロン・ボイル可能

製造範囲サイズ　厚み60〜220μ　幅220〜880mm
※厚み・幅等が限界範囲近くの場合は別途ご相談ください。
※タイプ・グレードにより製造厚み・幅が異なります。

（単位:巻）

**規格原反
PNLF-FK**

厚み ＼ 幅	357mm	362mm	422mm	462mm
90μm	−	−	500m	−
120μm	500m	−	500m	500m
130μm	500m	500m	500m	−
150μm	500m	500m	400m	−
180μm	400m	400m	300m	−

※幅は1mm刻みで+2mmまで対応可能。

左表の巻きmにて規格原反を在庫。
2巻以上にて短納期出荷が可能です。
フィルム構成はPNLFと同様です。

ユーザーの声をフィルムに表現する
クリロン化成 株式会社

お問い合わせは下記またはHPへ　https://www.kurilon.co.jp

北海道営業所	〒047-0011	北海道小樽市天神 1-15-1	TEL：0134-29-0461	FAX：0134-29-0470
東北営業所	〒980-0803	仙台市青葉区国分町 3-1-1	TEL：022-217-0288	FAX：022-217-0287
東京営業課	〒151-0073	東京都渋谷区笹塚 3-2-15	TEL：03-3377-7811	FAX：03-3377-7956
名古屋営業所	〒464-0075	名古屋市千種区内山 3-8-10	TEL：052-733-3773	FAX：052-733-3776
大阪営業課	〒533-0003	大阪市東淀川区南江口 1-3-20	TEL：06-6328-6951	FAX：06-6328-6950
岡山営業所	〒701-0212	岡山県岡山市南区内尾 421	TEL：086-282-1181	FAX：086-281-1910
九州営業所	〒810-0073	福岡市中央区舞鶴 2-1-10	TEL：092-720-6565	FAX：092-720-6550

Essential Technology for Everyday Life
身近なところで、見えないところが、グンゼの技術。

ラベル用 ハイブリッドスチレン収縮フィルム

ハイブリッドスチレンとは

■PSフィルムとPETフィルムを複合化させた異種積層フィルムです。

■PSの収縮仕上がり性とPETの強靭性を兼ね備えており、ラベルを薄膜化する『減容化・減量化』提案に最適です。

◆ファンシーラップ®（ハイブリッドスチレン 横一軸収縮フィルム）

タイプ名	厚さ（µm）	製品幅（mm）	巻長さ（m）	特長	用途
HGSR	35、40	500〜1000	2000 4000	一般タイプ	PETボトル飲料用ラベル（加温含む）帯ラベル用
HGS	45				PETボトル飲料用ラベル（加温含む）
HST	35、40			低温収縮	
HSTN	35、40			低温高収縮	
HGL	40			一般タイプ乾熱収縮用	化粧品・トイレタリー・プラボトル等のプレラベル用
HSA	40				
HSAR	50			超低温高収縮乾熱収縮用	

グンゼ株式会社 プラスチックカンパニー　https://www.gunze.co.jp/

大阪本社　〒530-0001　大阪市北区梅田2丁目5番25号（ハービスOSAKAオフィスタワー21階）　TEL（06）7731-5800　FAX（06）7731-5858
東京支社　〒103-0027　東京都中央区日本橋2丁目10番4号（グンゼ日本橋ビル8F）　TEL（03）3276-8712　FAX（03）3276-8730
名古屋営業所　〒460-0003　名古屋市中区錦2-12-14（MANHYO第一ビル9F）　TEL（052）222-7821　FAX（052）218-4724
九州営業所　〒812-0025　福岡市博多区店屋町6番18号（ランダムスクウェア2F）　TEL（092）282-7212　FAX（092）282-7236

あらゆる包材の開封に…

詳しくは
当社WEBSITEで
okpack.co.jp

あらゆる包装形態に対応したイージーオープンシステム。それがOKカットシリーズです。

GAL^{ガル} フィルム

- 手で容易に引き裂けます。(ノッチ不要)
- 従来のフィルムよりもコストダウンできます。

◆構成例 … グラシン紙/PE15/AL#9/PE20/PVDC
◆用　途 … 各種食品、医薬品(粉末、顆粒)のスティック包装

Hi-GAL^{ハイガル} フィルム

- 従来、ノッチなしでは開封できなかったフィルムも、特殊なカットライン (ミシン目)加工を施すことによって、ノッチなしでもカットできます。
- スティック包装に最適です。液体にも適用できます。

◆構成例 … PET#12/PE15/AL#9/PE20/PE#30
◆用　途 … 各種食品、医薬品(粉末、顆粒、液体、固体)のスティック包装、 ピロー、三方シール、四方シール包装

Hi-GAL リニアカットフィルム

- 特殊なカットライン加工が包材の裂ける方向をコントロールし、 直線的な開封口が得られます。また、ノッチ効果も併せ持ちます。

◆構成例 … PET#16/PE15/AL#7/PE40
◆用　途 … Hi-GALよりも広い開口部を必要とするもの(スタンディングパック等) により適しています。

PAL^{パル} フィルム

- どの位置からでも開封可能です。
- プラスチックフィルムの強すぎる悩みを解消。

◆構成例 … PET#16/PE15/AL#9/PE40
◆用　途 … 各種食品、医薬品(粉末、顆粒、液体、固体)の三方シール、四方シール包装

バリアフリーにも OK！

- 各種包材設計いたします。 お気軽にお問い合わせください。

OKカットシリーズのご相談は…

岡田紙業株式会社

本　　社	〒541-0057　大阪市中央区北久宝寺町4丁目4番16号	TEL 06-6251-9871(代表)
東京支店	〒103-0021　東京都中央区日本橋本石町3丁目1番2号 FORECAST新常盤橋8F	TEL 03-3548-0321(代表) email: info@okpack.co.jp

インフレーションフィルム製品

インフレーションフィルムは製膜・印刷・製袋・加工と一貫加工体制を取っております。

食品用途 —— 手軽に使えて食品を守ります。
ミシン目シート、番重用シート、番重用ガゼット袋、パン袋、貝袋、きのこ袋等。

医療用途 —— インフレ室はクラス10万、製袋室、検査室はクラス5万のクリーンルームです。
1枚検品も対応可能。

建築・工業・農業用途 —— 多様な製造方法で用途に合わせて製品設計します。HD広幅も対応可能。

多層機（3種3層）
PEの原料を変えて組み合わせることによって機能性を持たせる。（機能性、強度、遮光性、内面と外面の色を変える）。
共押出しなので接着剤は不要。

多層機（3種3層）

キャスティングフィルム製品

長年の技術蓄積で完成されたユニークな機能を持つLLDPEシーラントフィルムを生産販売しております。

KFシリーズ

銘柄	番手	最適用途	銘柄の特色
KF101	#30〜80	DM（単体）、フタ材、ボイル包装用	高剛性、溶断シール性、打抜き適性、耐熱性
KF101M	#40	米袋表基材	高剛性、低滑性
KF201	#30〜80	汎用、単体用	高透明、縦易引裂き性
KF601C	#30〜60	菓子、味噌・液体小袋	縦・横易引裂き性、高透明、低温シール性

HRシリーズ

銘柄	番手	最適用途	銘柄の特色
HR543	#25〜80	食品全般、チャック袋	剛性、縦易引裂き性
HR543D	#90〜130	食品全般、チャック袋	剛性、縦易引裂き性
HR543N	#30〜60	食品全般、チャック袋	剛性、縦易引裂き性、ノンパウダータイプ
HR553	#30〜80	米袋、重量袋	耐衝撃性、耐ピンホール性
HR611	#30〜60	菓子、チーズ、冷凍食品（単体）	剛性、縦易引裂き性、低温シール性
HR612R	#40	冷凍食品（単体）	高剛性、低温シール性
HR653N	#30〜80	水物包装、重量袋	低温シール性、耐衝撃性、ノンパウダータイプ
HR711	#50〜70	ボイル包装用	剛性、耐熱性

スカイフィルム株式会社
http://www.skyfilm.co.jp

本社・工場 〒367-0022 埼玉県本庄市日の出4丁目12番7号 TEL 0495-22-4166（代） FAX 0495-21-6988
本庄営業所
福島第一工場 〒962-0122 福島県須賀川市木之崎字入大ヶ久保29番地1 TEL 0248-68-2088（代） FAX 0248-68-2090
福島営業所
福島第二工場 〒962-0122 福島県須賀川市木之崎字岩崎山18番地11 TEL 0248-69-1050（代） FAX 0248-69-1060
東京営業所 〒151-0072 東京都渋谷区幡ヶ谷1丁目1番1号 ニッコービルディング6F
インフレ営業部 TEL 03-5302-5770 FAX 03-5302-5771
キャスト営業部 TEL 03-5302-5772 FAX 03-5302-5773
大阪営業所 〒540-0008 大阪市中央区大手前1丁目7番31号OMM11階R室 TEL 06-6945-6622（代） FAX 06-6945-6627
仙台営業所 〒980-0021 宮城県仙台市青葉区中央2-8-11 プレミアムグリーンヒルズ3F M-LABEL
TEL 022-394-0377 FAX 022-397-7023

OEMによる受注生産を承ります。
お気軽にお問い合わせ下さい。

通気包材（有孔加工）

主にポリプロピレン製フィルムに独自の技術で孔を設けフィルムに通気性機能をもたせます。

用途 食品、花、建材、化学製品、家庭用品など。

工場の特色

● 最新鋭レーザー技術による孔あけ加工 （新設）2012
● 粘着ローラーによる異物除去装置 （新設）2013
● 陽 圧 管 理 室 （新設）2013

※クリーンな環境で製造しています。

株式会社 森 製袋

URL http://www.moriseitai.co.jp
E-mail:info@moriseitai.co.jp

本社工場
〒454-0972　名古屋市中川区新家二丁目1504
TEL（052）432-0548（代）　FAX（052）431-6835

大治工場
〒490-1143　愛知県海部郡大治町大字砂子字尾崎57
TEL（052）432-3601　FAX（052）432-3632

「暮らしを」「街を」「地球を」
優しく包み込むテクノロジー

フタムラ化学株式会社

Mylar® FDA、EU食品規制承認グレード

特徴的な性能	タイプ名	タイプ　説明	特徴的な物性	厚み
汎用	Mylar® 800	透明、ハンドリング性	易滑性　摩擦係数　0.5、 ヘーズ値　12mic 4%、19mic 6%、 熱収縮　190℃、5分、MD 2.5%、TD 0.5%	12・19・23・36
汎用、高透明	Mylar® 800LH	ハンドリング性を維持した高透明	ヘーズ:12mic 2.4%、19mic 2.6%	12・19
環境対応（PCR材料使用） ※新規開発	Mylar® 812R	片面易接着処理　EUにおける再生プラスチック原料の食品接触用途向け規制 Regulation (EC) 282/2008適合 再生PET原料チップ50%使用	ヘーズ:19mic 6.8%、23mic 8.1%、30mic 8.8%	12（開発中）・19・23・30
押出コーティング・ラミネーション用	Mylar® 820	片面易接着処理	易接着性（Surlyn®等押出ラミネーション樹脂）	12
低熱収縮	Mylar® 806	800タイプ設計、低熱収縮	熱収縮　190℃、5分 MD 2.4%、TD 0.2%	12
印刷易接着	Mylar® 813O	800タイプ設計、片面易接着（標準　外面）	溶剤系インキ、コーティング易接着	12・19・23・36
	Mylar® 813LH	800LHタイプ設計、片面易接着（標準　外面）	溶剤系インキ、コーティング易接着	12・19
	Mylar® 813T	8130タイプ設計、 ビニルインキに対する密着性向上	滅菌後、ビニルインキに密着性向上	12
	Mylar® 816	813タイプ設計、両面易接着処理	溶剤系インキ、コーティング易接着	12
蒸着易接着	Mylar® 841O	片面蒸着易接着（標準　外面）	アルミ蒸着に最適	12
成形性改善	Mylar® 808	成形性改善、低TD熱収縮	45度配向の機械物性改善、 45度　破断伸度　65%以上	12・23
高透明	Mylar® 405/406	共押出、高透明、平滑、片面又は両面易接着、ハンドリング性良好	ヘーズ:23mic 0.7%、36mic 0.8%、50mic 1%、71mic 1.3%、96mic 1.5%	23・36・50・71・96
	Mylar® 401CW	超高透明、片面易滑処理、ハンドリング性良好、ナーリング有	ヘーズ:50mic 0.6%、75mic 0.7%、100mic 0.8%	50・75・100
白色	Mylar® 896	食品規制承認　白色、易接着		50
	Mylar® 899	食品規制承認　パール純白、 両面易接着（工業用339タイプ同等品）		36・50・75・100・125
薄物汎用	Mylar® FA	透明、極薄、食品規制承認		3.5・4.5・4.8・6.0
汎用	Mylar® FA	透明、食品規制承認、厚物		23・36・50・75・100
低熱収縮	Mylar® FADS	低熱収縮、食品規制承認	熱収縮　105℃、30分　MD 0.1%、TD 0%、150℃、30分 MD 0.5%、TD 0.3%	50・75
熱収縮	Mylar® FHS	未処理、透明、熱収縮（シュリンク）	熱収縮、沸水1分 MD 43%、TD 40%	16・37.5
パーマネントシール （ロックシール）	Mylar® 850	食品用　共押出　片面ヒートシール（標準　外面）、ヒートシール面　防曇加工、非吸着性、接着良好（APET/CPETトレイ、APET押出ボード、PVdC、PVC、紙、アルミ箔）	シール強度: シール面同士 シール条件 140℃、40psi、1秒 15mic-750、20mic-800、30mic-1000g/25mm APET/CPET tray シール条件 180℃、80psi、1秒 >1000g/25mm 推奨ラミネート温度 ℃ 140-220	12・15・20・30
	Mylar® 852	850と比較し、ヒートシール層の易滑性向上、ハンドリング性向上	易滑性　摩擦係数 Seal/Seal 0.5、Plain/Plain 0.4	15・20・30
	Mylar® 853	ヒートシール反対面　易接着処理	溶剤系インキ、コーティング易接着	15・20・30
	Mylar® 850AF	食品用　共押出　片面ヒートシール（標準　外面）、ヒートシール面　防曇加工	防曇性能（低温～高温）	15・20・30
イージーピール	Mylar® OL 製品群	APET系耐熱イージーピール　ヒートシール、オフラインコート、最高使用温度・直接コンタクト制限無し、非吸着性、防曇/易接着/バリア等の付加機能	耐熱シーラント（APET、CPET、PVC、PVdC、アルミ、紙トレーなど）、シール・ピール強度、ホットタック性、接着開始温度などの調整が可能	14・19・25・40
	Mylar® OLAF	耐熱イージーピール、防曇	防曇性能（低温～高温）	14・28・33・39
	Mylar® RL 製品群	オレフィン系イージーピール　ヒートシール、オフラインコート、最高使用温度・直接コンタクト121℃、防曇/易接着/バリア等の付加機能	シーラント（APET、PP、PS等）、シール・ピール強度、ホットタック性、接着開始温度などの調整が可能	14・19・25・40
	Mylar® CL	耐熱イージーピール、キャップライナー用途（キャップ中蓋）、ラミネート温度82℃以上にて高いシール強度。	シール強度 シール面同士（120℃、0.25秒）250g/25mm	14・25

問い合わせ先：デュポン株式会社　フィルム事業部

〒103-0012 東京都中央区日本橋堀留町2-3-5 木下ビル9階

TEL.03-3527-3021（代）　FAX.03-3527-3020

アルミ蒸着

◆特性
①バリア性向上と紫外線等の光線遮断により内容物の酸化および劣化を防ぎます。
②美麗な金属光沢をもち、高級感が得られます。
③印刷ラミネート適性は良好です。
④アルミ箔に比べ屈曲性と耐ピンホールに優れています。
⑤中身の見えるハイバリアパッケージ用として透明蒸着フィルムもあります。

◆アルミ蒸着フィルム一覧

品　名		タイプ	厚み	透湿度	酸素透過度	特　徴	用　途
PET蒸着	ダイアラスター	H（一般）	12	1.0	1.0	強靱で耐熱性に優れ光沢良好	一般用　スナック食品
		ST（強密着）	12	0.8	1.0	アルミ密着強度良好　ノンボイルタイプ	スナック食品　乾燥食品
		HE.UJ（強密着）	12	1.0	1.0	アルミ密着強度良好　ボイル可能	米袋・スナック食品　ポーション
		H-27（耐水加工）	12	1.6	0.2	耐水密着良くセミレトルト可能　ハイガスバリア	ポーション・水物　コーヒー袋
		UH（艶消し）	12	1.5	1.5	艶消し光沢	茶袋・スナック内装
		HR（錫蒸着）	12	6.0	55.0	電子レンジ調理可能　金属探知機使用可能	冷凍食品
CPP蒸着	サンミラー	CP-FG（一般）	20,25	1.0	25.0	低温ヒートシール　光沢良好	スナック食品・冷菓　チョコレート・キャンディー
		CP-FGK（強密着）	25	0.5	10.0	低温ヒートシール　アルミ密着強度良好	スナック食品外装　大袋製袋用
		CP-FGD（超低温）	20,25 30,40	1.0	15.0	超低温ヒートシール　アルミ密着強度良好	チョコレート・スナック食品　キャンディーピロー包装
		CP-VR（超強密着）	30,40	0.5	8.0	超低温ヒートシール　アルミ密着強度アップ	スナック食品外装　チャック付製袋
OPP蒸着	サンミラー	BOF-N（一般）	25	0.8	21.0	光沢良好	カステラ包装　お茶袋

※ハーフ蒸着タイプも承ります。（担当までお問合わせ下さい。）　上記データは、一定条件下で求めた測定値であり保証値ではありません。

◆透明蒸着フィルム一覧

品　名		タイプ	厚み	透湿度	酸素透過度	特　徴	用　途
PET蒸着	ファインバリヤー	A（ノンコート）	12	1.5	2.0	バリア性良好	無地袋・電子部品　食品・薬品
		AX-R（コート）	12	0.2	0.1	ボイル／レトルト処理可能 ハイバリア 新タイプ　印刷適性・ELラミ適性・内容物適性良好	ボイル・レトルト食品　ハイバリア用途
		AH-R（コート）	12	0.4	0.4	ボイル／レトルト処理可能　ハイバリア　印刷適性・内容物適性良好	ボイル・レトルト食品
		AT-G（コート）	12	1.0	1.5	ノンボイル一般用　印刷適性・内容物適性良好	食品・薬品／電子部品・日用品
		AT-R（コート）	12	1.0	1.5	ボイル・レトルト処理可能　印刷適性・内容物適性良好	ボイル・レトルト食品

上記データは、一定条件下で求めた測定値であり保証値ではありません。

◆各種委託加工
水洗パスター加工・印刷後蒸着加工・各種コート加工・アルミ以外の特殊蒸着加工などもご用命承っております。

 株式会社 麗光 包材販売課　http://www.REIKO.co.jp

本　社／〒615-0801 京都市右京区西京極豆田町19番地　TEL(075)311-4103　FAX(075)311-3862
東京支店／〒110-0016 東京都台東区台東4丁目8番7号 ヒューリック仲御徒町ビル6階　TEL(03)3833-9807　FAX(03)3833-9806
お問い合わせ先 ― 包材販売課 (075)311-4103(直通)

 ISO9001　ISO14001　ISO9001・ISO14001取得

サンライトホイル（転写箔）

用途		品名	対象素材	特徴	使用例・使用条件
一般転写箔	紙用	SP-AE	一般コート紙、各種ラミネート紙、各種インキ紙	接着汎用性が広い、耐摩耗性良好	紙器・ラベル シリンダー機：130～180℃　UPDOWN機：110～130℃
		23228	一般コート紙、各種ラミネート紙、各種インキ紙	接着汎用性が広い	紙器・ラベル シリンダー機：160～190℃　UPDOWN機：110～130℃
		MT-95	一般コート紙、粗面紙	埋まり性良好	紙器・ラベル シリンダー機：160～190℃　UPDOWN機：110～130℃
	プラスチック用	23024	ABS、AS、PS	低温接着性良好	雑貨 UPDOWN刻印：120～150℃　ラバー刻印：160～210℃
		PHR-WA	PP、ABS、AS、PS	耐内容物性良好	化粧品、雑貨 円周押し：210～240℃
		ECHO	PE、PET、PP、ABS、AS	接着汎用性良好	雑貨、レザー UPDOWN刻印：110～140℃
		FD-30	ABS、AS、PC	耐摩耗性良好	弱電 UPDOWN刻印：110～140℃　ラバー刻印：170～200℃
		BSH-40M	ABS、AS、PS	UV硬化タイプ、耐摩耗性、物性良好	キャップ、雑貨 円周押し：240～260℃
各種金属箔・全面転写箔	Alハーフ箔	PF-500	PMMA、PC	スクリーン印刷適性良好、耐熱性良好、各種透過率対応	弱電 ロール転写：200～220℃
	Snハーフ箔	PF-810	PMMA、PC	スクリーン印刷適性良好、耐熱性良好、各種透過率対応	弱電 ロール転写：200～220℃
	絶縁箔	CB-ET（Sn）	一般コート紙、ラベル、ウェルダー加工用素材	絶縁性良好	紙器・ラベル シリンダー機：160～190℃　UPDOWN機：110～130℃
	クロム箔	SE-34	ABS、AS、PS	耐摩耗性良好、物性良好	自動車内外装 ロール転写：190～220℃
		85080	ABS、AS、PS	耐摩耗性良好、物性良好	自動車内装 ロール転写：190～220℃

oice 尾池イメージング株式会社

□本　店　〒601-8123　京都市南区上鳥羽南塔ノ本町８番地１　TEL.075-748-8637　FAX.075-694-4040
□東京営業　〒103-0023　東京都中央区日本橋本町3-8-5　日本橋本町三丁目ビル8F　TEL.03-5695-6333　FAX.03-5695-6336

包装材料用商品

	品名	ベース	タイプ名	厚み(μm)	特長	蒸着強密着	フィルム面
アルミ蒸着	テトライト	PET	EXE	12	両面強密着	○	易接着
			EXC	12		○	コロナ
			EX-HL	12	超高光沢	○	
			EXM	12	マット調	○	
			PC	12	汎用・高光沢	○	コロナ
			JC	12	汎用	耐水	コロナ
			CAPT	9	低重量(容リ法対策)	○	コロナ
			MY	12	マット調		
			DSP	19	ヒネリ		
	ピーブライト	CPP	LX	20,25,30	低温ヒートシール	○	ヒートシール
	ナイロン	NY	BK	15	トップシール用	ボイル	コロナ
			HWC	15	耐水性	耐水	コロナ
	品名	ベース	タイプ名	厚み(μm)	特長	トップコート	耐熱性
透明蒸着	MOS	PET	T-SS	12	高透明		
			T-SK	12	高透明	○	
			T-TK	12	ハイバリア・高透明	○	レトルト
			T-SH	12	ハイバリア・耐久性		レトルト
			TEB	12	直線カット	○	セミボイル
		NY	NYS	15	高透明		
			NYK	15	高透明	○	

oice 尾池パックマテリアル株式会社

□本　店　〒601-8123　京都市南区上鳥羽南塔ノ本町８番地１　TEL.075-748-6724　FAX.075-694-4040
□東京営業　〒103-0023　東京都中央区日本橋本町3-8-5　日本橋本町三丁目ビル8F　TEL.03-5695-6331　FAX.03-5695-6337

蒸 着 製 品 一 覧 表

用　途	品　名	品　番	特　長	厚　み
包装材料	VM-PET	SSN·SSN2	一般片面コロナタイプ	12μ
		MWR1	耐水高密着タイプ	12μ
		MWR2	耐水高密着タイプ	12μ
		MWR7	耐水高密着タイプ	12μ
	VM-CPP	SGP	一般ヒートシールタイプ	20μ
		MGP	高密着一般ヒートシールタイプ	25μ
		MLHS	高密着低温ヒートシールタイプ	25·30μ
		MSEL	高密着低温ヒートシールタイプ	25μ
	VM-HDPE	SMUT	ひねりタイプ	25μ
工業材料	────────	要相談	────────	25〜100μ
金銀糸	VM-PET	KTN2	アルミ蒸着、一般金糸用	12μ
		K02·KES	アルミ蒸着、一般金糸用	9·12μ
	AgVM-PET	KNBPS6 他	銀蒸着、白トップ	12μ
		KWT9NT 他	銀蒸着、紙貼用	9·12μ
一般雑貨	VM-PET	SMAT·STH	マットタイプ	12μ
		KTN3 他	厚番手蒸着品	25μ〜200μ
		MGLD 他	着色タイプ	12〜50μ
	VM-NYLON	SON·SONU	バルーン用·一般タイプ	12μ·15μ
	スタンピングホイル	DRS	布用(シルバー、ゴールド)	12μ
		TB	透明箔	12μ

※その他、設備や用途にあわせた製品にも対応いたしますのでお問合せください。

当社の営業内容／アルミ蒸着・各種コーティング・ラミネート加工全般

JCQA
QS REGISTERED FIRM
サイチ工業株式会社
JCQA-0757

製造販売　アルミ蒸着のパイオニア
Saichi サイチ工業株式会社

●本　　部　〒525-0059　滋賀県草津市野路一丁目8番23号(I.O.Rビル2階)　TEL.077-561-9811(代)　FAX.077-569-4647
●大津工場　〒520-2113　滋賀県大津市平野3-1-11　TEL.077-549-1301(代)　FAX.077-549-1544
●栗東工場　〒520-3041　滋賀県栗東市出庭下天白550　TEL.077-552-4393(代)　FAX.077-553-6582
●蜻田工場　〒520-3041　滋賀県栗東市出庭蜻田479　TEL.077-552-2433(代)　FAX.077-552-2454
●古高工場　〒524-0044　滋賀県守山市古高町字北八重738-5　TEL.077-582-7393(代)　FAX.077-582-7397
URL http://www.saichi-kk.co.jp

プラスチック軽量容器

焼き菓子に最適。
耐熱220℃の「CXスーパーカップ」。

CXスーパーカップを始め、オザキのスウィーツ容器は
お客様のニーズに合わせて開発・製造。
オザキは、スウィーツの魅力を最大限に引き立てる
スウィーツパッケージのトータルプランナーです。

CXスーパーカップ　M-150

CXスーパーカップ　M-120

CXスーパーカップ　M-6

CXスーパーカップ　M-7

CXスーパーカップ　D-1

スウィーツを一段と引き立てる様々な容器やパッケージをご用意しております。是非ご相談、ご活用ください。

Deco Tray
フルールデコトレー
ゴールド角デコトレー

Cake Tray
ロングスリム長角トレー
キュートゴールドトレー
シルバー三角ケーキトレー

Dessert Cup
オリジナルデザートカップ

商品に関する詳しいお問い合せは
https://www.ph-ozaki.co.jp　E-mail:eigyo@ph-ozaki.co.jp

スウィーツパッケージハウス
株式会社 オザキ

本　社
〒168-0063　東京都杉並区和泉3-59-22
TEL.03-3322-2411(代)　FAX.03-5300-4311

足利物流センター
〒326-0836 栃木県足利市南大町 261-1
TEL.0284-71-7931 FAX.0284-71-6005

220℃高耐熱C-PET容器 **BAKEQ**

ベイクック 220℃

具材を入れてそのままオーブン調理ができる!

具材を並べてそのまま**220℃**の**加熱調理可能**!

盛付作業を簡略化、調理後はフタをするだけで、そのまま**陳列**して素早く販売できます。
作りたてのおいしさをそのまま、お客さまの「**食卓**」へ**届ける**ことができます。

熱 heat-resistant

220℃高温調理可能なプラスチック容器!

ベイクックは、具材を並べてそのまま調理▶封▶輸送▶販売できるオールラウンド容器! 作業の簡略化・時短が可能となり人手不足の課題に対応します。

時短
スチコン・レンジで使用可能
オペレーション工程を大幅削減
調理 封 輸送 販売

食 many dishes

新「焼きメニュー」の増加で拡がる**中食市場**を応援!

「ベイクック」は耐熱220℃で、オーブンやスチコンで調理が可能だから、今まで商品化することが難しかった新しい「焼きメニュー」を、増やすことができます。より充実した惣菜コーナー展開で豊かな食卓に貢献します。

roast chicken (ローストチキン)
acqua pazza (アクアパッツァ)
spareribs (スペアリブ)
gratin (グラタン)

封 top seal

「封」することにかけても**オールラウンド容器**!

ベイクックは、蓋やラップ包装はもちろん、トップシールも可能です。また、トップシールはガス置換することで調理品のさらなるロングライフ化が可能です。

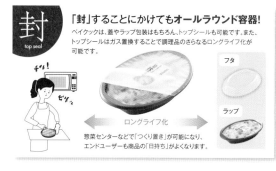

フタ
ラップ
ロングライフ化

惣菜センターなどで「つくり置き」が可能になり、エンドユーザーも商品の「日持ち」がよくなります。

蓋 fit tightly

加熱前も「はまる」、加熱後に収縮する容器にも「はまる」

加熱による容器の収縮に併せ、加熱後のみ「はまる」通常嵌合のフタに加え、加熱前と後も「はまる」構造を開発。セントラルキッチンなどで加熱調理前の前日仕込みや保存を可能にしました。

独自開発 ステップ嵌合フタ
容器が収縮する「加熱後」も「加熱前」も特殊形状のフタが2段階ではまる仕組みになっています。

独自開発 スイッチ嵌合フタ
容器が収縮する「加熱後」も「加熱前」も特殊形状のフタが加熱前は外側、加熱後は内側ではまります。

盛り付け 一旦保存 流通 調理 販売

「ベイクック」商品ラインナップ　トップシールはすべての「BAKEQ」商品に対応できます。
※トップシール材はお問合せ下さい。

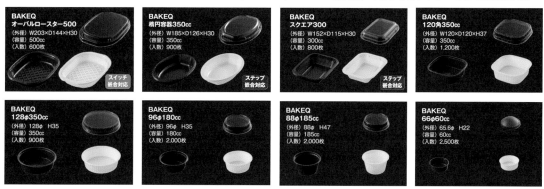

BAKEQ オーバルロースター500
(外径) W203×D144×H30
(容量) 500cc
(入数) 600枚
スイッチ嵌合対応

BAKEQ 楕円容器350cc
(外径) W185×D126×H30
(容量) 350cc
(入数) 900枚
ステップ嵌合対応

BAKEQ スクエア300
(外径) W152×D115×H30
(容量) 300cc
(入数) 800枚
ステップ嵌合対応

BAKEQ 120角350cc
(外径) W120×D120×H37
(容量) 350cc
(入数) 1,200枚

BAKEQ 128φ350cc
(外径) 128φ　H35
(容量) 350cc
(入数) 900枚

BAKEQ 96φ180cc
(外径) 96φ　H35
(容量) 180cc
(入数) 2,000枚

BAKEQ 88φ185cc
(外径) 88φ　H47
(容量) 185cc
(入数) 2,000枚

BAKEQ 66φ60cc
(外径) 65.6φ　H22
(容量) 60cc
(入数) 2,500枚

※お取扱上の注意：必ずご使用の食材でテストを実施して、適正な加熱条件を設定してください。但し、食材によっては容器が変形する場合がありますので、お取扱いにご注意ください。

吉村化成株式会社
YOSHIMURA KASEI Co.,ltd

TEL: 0745-77-2838
FAX: 0745-76-2839
〒639-0263 奈良県香芝市平野81-1

HP

Facebook

YouTube

赤松化成 バイオペットコップ

次世代型プラスチック、バイオマスPETを使用した透明コップ

バイオマスPETとは?

植物由来の原料を用いて合成した環境配慮型の樹脂(バイオマス度 5〜30%)です。

PETの祖原料である石油由来のモノエチレングリコール（MEG）を、植物由来のもので代替、従来型のバイオマスで従来のPETと同等の高機能・易加工を実現しました。
バイオマスPETは、最終ユーザーに負担をかけることなく、有限である化石資源の利用削減および焼却処分時のCO2排出量の削減を可能にする次世代型プラスチックです。

【おすすめ理由！】
1ケースの入数が全サイズ1,000個以下、1袋の入数も50個で統一されており、他社品に比べて非常にコンパクト。なので
・使用する現場での限られたスペースでも保管し易い
・店舗の棚で陳列し易い
・流通の過程でも、倉庫でのピッキング・梱包時に取り扱いがし易い

【本体】材質：APET

商品名	HF78-9	HF78-10	HF92-9	HF92-12	HF98-12/14	HF98-16	HF98-18	HF98-20	HF98-24
ケース入数	1,000	1,000	1,000	1,000	1,000	1,000	1,000	1,000	1,000
容量	9oz(266ml)	10oz(296ml)	9oz(266ml)	12oz(355ml)	12/14oz(355/414ml)	16oz(473ml)	18oz(532ml)	20oz(592ml)	24oz(710ml)
寸法	Φ78×H101	Φ78×H103	Φ92×H72	Φ92×H105.5	Φ98×H106.8	Φ98×H119.6	Φ98×H140	Φ98×H142	Φ98×H150
重量（g）	7.0	8.0	10.34	12.0	12.0	13.6	14.11	15.2	17.2

【蓋】材質：APET

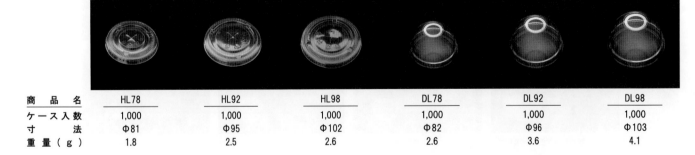

商品名	HL78	HL92	HL98	DL78	DL92	DL98
ケース入数	1,000	1,000	1,000	1,000	1,000	1,000
寸法	Φ81	Φ95	Φ102	Φ82	Φ96	Φ103
重量（g）	1.8	2.5	2.6	2.6	3.6	4.1

赤松化成工業株式会社

ISO 9001・14001 認証取得
FSSC 22000 認証取得
登録範囲:ソフトドリンク及び野菜サラダ向けコップ用プラスチック蓋の製造

■本　社／〒771-0298　徳島県板野郡松茂町満穂字満穂開拓119-1
　　　TEL.088-699-3733（代）　FAX.088-699-3732
■東京営業所／〒103-0022　東京都中央区日本橋室町1-12-13 日本橋鮒佐ビル4F
　　　TEL.03-5204-8277　FAX.03-5204-8299

■熊本営業所／〒866-0844　熊本県八代市旭中央通8番地の12（リップルビル501号）
　　　TEL.0965-31-8801　FAX.0965-31-8804

URL　http://www.akamatsu.com

もずく・ところてん

100角 蓋

M-100F-K3
- 寸法(mm) 102×102×16
- 入　数 2000
- 商品コード 21020706
- 材　質 A-PET
- 重量(g) 4.10
- 特　徴 自動供給機対応、4隅嵌合、印刷可

100角 本体
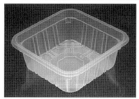

M-100-35H
- 寸法(mm) 100×100×35
- 入　数 2000
- 内容量(cc) 230
- 商品コード 21010471
- 材　質 耐寒PP
- 重量(g) 5.40
- 主な用途 もずく

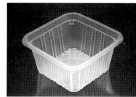

M-100-50H
- 寸法(mm) 100×100×50
- 入　数 2000
- 内容量(cc) 300
- 商品コード 21010468
- 材　質 耐寒PP
- 重量(g) 5.94
- 主な用途 もずく

88角 蓋

AF-1(深)
- 寸法(mm) 90×90×20
- 入　数 2000
- 商品コード 21020841
- 材　質 A-PET
- 重量(g) 3 26
- ※OPSもあります。

88水抜き蓋
- 寸法(mm) 88×88×17
- 入　数 2000
- 商品コード 21020736
- 材　質 A-PET
- 重量(g) 2.71
- 特　徴 対角に水抜き口付き 4隅嵌合、印刷可
- 主な用途 ところてん

88角 本体

M-88-33H
- 寸法(mm) 88×88×33
- 入　数 2000
- 内容量(cc) 165
- 商品コード 21010380
- 材　質 耐寒PP
- 重量(g) 4.18
- 主な用途 もずく

AB-1
- 寸法(mm) 88×88×70
- 入　数 2000
- 内容量(cc) 320
- 商品コード 21011101
- 材　質 A-PET
- 重量(g) 6.95
- 主な用途 ところてん

AB-3
- 寸法(mm) 88×88×55
- 入　数 2000
- 内容量(cc) 260
- 商品コード 21010869
- 材　質 A-PET
- 重量(g) 6.23
- 主な用途 ところてん
- ※PPもあります。

M-88S-22H
- 寸法(mm) 88×88×22
- 入　数 2000
- 内容量(cc) 100
- 商品コード 21011209
- 材　質 耐寒PP
- 重量(g) 4.18
- 主な用途 もずく

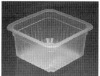

M-88-43H
- 寸法(mm) 88×88×43
- 入　数 2000
- 内容量(cc) 220
- 商品コード 21010527
- 材　質 耐寒PP
- 重量(g) 4.39
- 主な用途 もずく

M-88-27H(M)
- 寸法(mm) 88×88×27
- 入　数 2400
- 内容量(cc) 130
- 商品コード 21011570
- 材　質 耐寒PP
- 重量(g) 3.56
- 主な用途 もずく

カキ・アサリ

ASR-26H
- 寸法(mm) 132×173×26
- 入　数 2000
- 内容量(cc) 325
- 商品コード 21020843
- 材　質 PP
- 重量(g) 7.81
- 主な用途 あさり

ASR-30H ※受注生産品
- 寸法(mm) 132×173×30
- 入　数 2000
- 内容量(cc) 370
- 商品コード 21020842
- 材　質 PP
- 重量(g) 7.81
- 主な用途 あさり

ASR-33H ※受注生産品
- 寸法(mm) 132×173×33
- 入　数 1600
- 内容量(cc) 430
- 商品コード 21020921
- 材　質 PP
- 重量(g) 7.81
- 主な用途 あさり

ASR-35H
- 寸法(mm) 132×173×35
- 入　数 1600
- 内容量(cc) 450
- 商品コード 21010402
- 材　質 PP
- 重量(g) 8.55
- 主な用途 あさり

ASR-46H
- 寸法(mm) 132×173×46
- 入　数 1600
- 内容量(cc) 560
- 商品コード 21010431
- 材　質 PP
- 重量(g) 10.26
- 主な用途 あさり

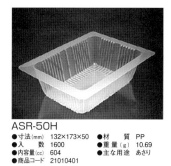

ASR-50H
- 寸法(mm) 132×173×50
- 入　数 1600
- 内容量(cc) 604
- 商品コード 21010401
- 材　質 PP
- 重量(g) 10.69
- 主な用途 あさり

赤松化成工業株式会社

ISO 9001・14001 認証取得
FSSC 22000 認証取得
登録範囲:ソフトドリンク及び野菜サラダ向けコップ用プラスチック蓋の製造

■本　　社／〒771-0298 徳島県板野郡松茂町満穂字満穂開拓119-1
　TEL.088-699-3733(代)　FAX.088-699-3732
■東京営業所／〒103-0022 東京都中央区日本橋室町1-12-13 日本橋鮒佐ビル4F
　TEL.03-5204-8277　FAX.03-5204-8299
■熊本営業所／〒866-0844 熊本県八代市旭中央通8番地の12(リップルビル501号)
　TEL.0965-31-8801　FAX.0965-31-8804

URL　http://www.akamatsu.com

味　噌

本　体

ZMT-500
- 寸法(mm)　100×100×70
- 入　数　1000
- 内容量(cc)　473
- 商品コード　21010032
- 材　質　A-PETバリア
- 重量(g)　11.50
- 特　徴　バリア容器
- 主な用途　味噌

(新)ZMT-750
- 寸法(mm)　120×120×85
- 入　数　1000
- 内容量(cc)　790
- 商品コード　21012005
- 材　質　A-PETバリア
- 重量(g)　20.00
- 特　徴　バリア容器
- 主な用途　味噌

ZMT-1000
- 寸法(mm)　120×120×90
- 入　数　1000
- 内容量(cc)　900
- 商品コード　21012007
- 材　質　A-PETバリア
- 重量(g)　20.00
- 特　徴　バリア容器
- 主な用途　味噌

蓋

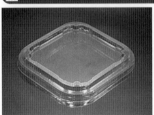

蓋500
- 寸法(mm)　102×102×11
- 入　数　2000
- 商品コード　21010796
- 材　質　A-PET
- 重量(g)　4.18
- 特　徴　4隅嵌合

蓋1000
- 寸法(mm)　124×124×14
- 入　数　2000
- 商品コード　21010961
- 材　質　A-PET
- 重量(g)　6.18
- 特　徴　4隅嵌合

豆　腐

φ120おぼろ蓋
- 寸法(mm)　φ123×18
- 入　数　1500
- 商品コード　21020920
- 材　質　A-PET
- 重量(g)　5.57
- 特　徴　嵌合蓋、印刷可

φ120おぼろ本体35H
- 寸法(mm)　φ120×35
- 入　数　1500
- 内容量(cc)　250
- 商品コード　21010829
- 材　質　PP
- 重量(g)　7.12

φ120おぼろ本体45H
- 寸法(mm)　φ120×45
- 入　数　1500
- 内容量(cc)　300
- 商品コード　21011384
- 材　質　PP
- 重量(g)　7 15

φ120おぼろ本体50H
- 寸法(mm)　φ120×50
- 入　数　1500
- 内容量(cc)　330
- 商品コード　21010830
- 材　質　PP
- 重量(g)　9.10

6B-35白　※受注生産品
- 寸法(mm)　134×119×36
- 入　数　1200
- 内容量(cc)　350
- 商品コード　21011407
- 材　質　PP
- 重量(g)　10.05

2B-60H
- 寸法(mm)　97×132×61
- 入　数　2000
- 内容量(cc)　480
- 商品コード　21011933
- 材　質　PP
- 重量(g)　8.07

2B-40H(リブ)
- 寸法(mm)　95×130×40
- 入　数　3000
- 内容量(cc)　300
- 商品コード　21012642
- 材　質　PP
- 重量(g)　5.78

2B-20H
- 寸法(mm)　98×131×20
- 入　数　2000
- 内容量(cc)　180
- 商品コード　21011784
- 材　質　PP
- 重量(g)　6.93

赤松化成工業株式会社

ISO 9001・14001 認証取得
FSSC 22000 認証取得
登録範囲:ソフトドリンク及び野菜サラダ向けコップ用プラスチック蓋の製造

■本　社／〒771-0298　徳島県板野郡松茂町満穂字満穂開拓119-1
　　　　TEL.088-699-3733(代)　FAX.088-699-3732

■東京営業所／〒103-0022　東京都中央区日本橋室町1-12-13 日本橋鮒佐ビル4F
　　　　TEL.03-5204-8277　FAX.03-5204-8299

■熊本営業所／〒866-0844　熊本県八代市旭中央通8番地の12(リップルビル501号)
　　　　TEL.0965-31-8801　FAX.0965-31-8804

URL　http://www.akamatsu.com

農産物

嵌合容器

MK-50 ※寸法:縦×横×高さ(本体/嵌合)
- ●寸法(mm) 93×120×20/6/26
- ●入　数 5000
- ●商品コード
- ●特　徴 ボタン嵌合、蓋4穴、底2穴、印刷可
- ●材　質 OPS
- ●主な用途 みょうが

CHF-300 ※寸法:縦×横×高さ(本体/蓋/嵌合)
- ●寸法(mm) 123×170×44/20/58
- ●入　数 800
- ●商品コード 31001526
- ●特　徴 4隅嵌合、5穴付き、印刷可
- ●材　質 OPS
- ●重量(g) 10.80
- ●主な用途 さくらんぼ　プルーン

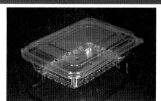

CHS-250 ※寸法:縦×横×高さ(本体/蓋/嵌合)
- ●寸法(mm) 123×170×44/12/52
- ●入　数 1000
- ●商品コード 21020493
- ●特　徴 スライド嵌合、5穴付き、印刷可
- ●材　質 OPS
- ●重量(g) 10.89
- ●主な用途 フルーツトマト さくらんぼ

CHS-200 ※寸法:縦×横×高さ(本体/蓋/嵌合)
- ●寸法(mm) 123×170×32/12/44
- ●入　数 1000
- ●商品コード 31003474
- ●特　徴 スライド嵌合、5穴付き、印刷可
- ●材　質 OPS
- ●重量(g) 10.89
- ●主な用途 フルーツトマト さくらんぼ

しいたけ

しいたけA-100
- ●寸法(mm) 115×150×24
- ●入　数 3000
- ●商品コード 21020019
- ●材　質 PP
- ●重量(g) 4.16

しいたけK-100
- ●寸法(mm) 115×150×24
- ●入　数 3000
- ●商品コード 21020025
- ●材　質 PS
- ●重量(g) 4.50

しいたけ3732
- ●寸法(mm) 105×150×21
- ●入　数 3000
- ●商品コード 21020543
- ●材　質 PP
- ●重量(g) 3.83

KM-50 ＊受注生産品
- ●寸法(mm) 79×130×19
- ●入　数 5000
- ●商品コード 21020493
- ●材　質 OPS
- ●重量(g) 2.70
- ●主な用途 みょうが

しいたけ

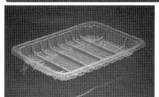

しいたけ3734
- ●寸法(mm) 108×150×21
- ●入　数 3000
- ●商品コード 21020307
- ●材　質 HiPS
- ●重量(g) 4.25

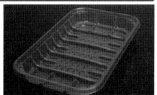
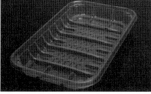

しいたけ16-10
- ●寸法(mm) 100×160×22
- ●入　数 3000
- ●商品コード 21020987
- ●材　質 PS
- ●重量(g) 10.08

その他

KS-70 ＊受注生産品
- ●寸法(mm) 88×128×18
- ●入　数 5000
- ●商品コード 21020551
- ●材　質 OPS
- ●重量(g) 2.48
- ●主な用途 しょうが

しいたけ3733
- ●寸法(mm) 108×150×20
- ●入　数 3000
- ●商品コード 21020017
- ●材　質 PP
- ●重量(g) 3.84

ミニトマト

一体型

MF-102
- ●寸法(mm) 105×104×44/21/60
- ●入　数 1500
- ●品　名 MF-102
- ●材　質 OPS
- ●重量(g) 6.88
- ●特　徴 2個所嵌合、4穴付き、印刷可
- ●主な用途 ミニトマト

RMF-200
- ●寸法(mm) 104.3×138×28/36/45.5
- ●入　数 1200
- ●品　名 RMF-200
- ●材　質 OPS
- ●重量(g) 9.07
- ●特　徴 2個所嵌合、印刷可
- ●主な用途 ミニトマト

MF-100
- ●寸法(mm) 99×100×44/26/65
- ●入　数 1800
- ●品　名 MF-100
- ●材　質 OPS
- ●重量(g) 6.24
- ●特　徴 4隅嵌合、4穴付き、印刷可
- ●主な用途 ミニトマト

RMF-150
- ●寸法(mm) 104.3×138×20/36/43.5
- ●入　数 1200
- ●品　名 RMF-150
- ●材　質 OPS
- ●重量(g) 8.16
- ●特　徴 2個所嵌合、印刷可
- ●主な用途 ミニトマト

※嵌合物の寸法:縦×横×高さ(本体/蓋/嵌合)

赤松化成工業株式会社

ISO 9001・14001 認証取得
FSSC 22000 認証取得
登録範囲:ソフトドリンク及び野菜サラダ向けコップ用プラスチック蓋の製造

■本　　社／〒771-0298 徳島県板野郡松茂町満穂字満穂開拓119-1
　　　　　TEL.088-699-3733(代)　FAX.088-699-3732
■東京営業所／〒103-0022 東京都中央区日本橋室町1-12-13 日本橋鮒佐ビル4F
　　　　　TEL.03-5204-8277　FAX.03-5204-8299

■熊本営業所／〒866-0844 熊本県八代市旭中央通8番地の12(リップルビル501号)
　　　　　TEL.0965-31-8801　FAX.0965-31-8804

URL　http://www.akamatsu.com

ミニトマト

蓋

APO-102F
- 寸法(mm) 104×104×14
- 入　数 2000
- 商品コード 21020048
- 特　徴 4隅嵌合、4穴付き、印刷可
- 材　質 OPS
- 重量(g) 3.41
- 主な用途 ミニトマト

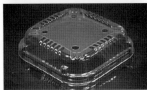

APO-108F
- 寸法(mm) 110×110×12
- 入　数 2000
- 商品コード 21020137
- 特　徴 4隅嵌合、4穴付き、印刷可
- 材　質 OPS
- 重量(g) 3.81
- 主な用途 ミニトマト

本体

APK-102B
- 寸法(mm) 102×102×50
- 入　数 2000
- 商品コード 21018058
- 材　質 透明PS
- 重量(g) 4.82
- 主な用途 ミニトマト

APK-108B
- 寸法(mm) 108×108×47
- 入　数 2000
- 商品コード 21010373
- 材　質 透明PS
- 重量(g) 5.41
- 主な用途 ミニトマト

フルーツ

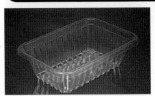

いちご300G容器
- 寸法(mm) 115×167×42
- 入　数 2000
- 商品コード 21011888
- 材　質 PET
- 重量(g) 5.40
- 主な用途 苺

A-21
- 寸法(mm) 140×200×50
- 入　数 800
- 商品コード 21010940
- 材　質 A-PET
- 重量(g) 16.51

A-25
- 寸法(mm) 155×227×50
- 入　数 600
- 商品コード 21010941
- 材　質 A-PET
- 重量(g) 20.75

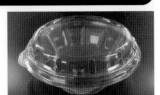

BB-100(丸型)
- 寸法(mm) φ115×25/17/35
- 入　数 1000
- 商品コード 21021870
- 材　質 A-PET
- 重量(g) 9.18
- 特　徴 本体・フタに穴有※フタのみに穴有もあります。

その他食品

珍味

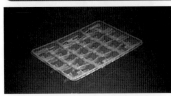

AC-1
- 寸法(mm) 115×165×11
- 入　数 2400
- 商品コード 21020538
- 材　質 PP
- 重量(g) 3.42
- 主な用途 珍味用げす

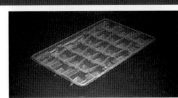

AC-2
- 寸法(mm) 125×190×10
- 入　数 3000
- 商品コード 21020604
- 材　質 PP
- 重量(g) 4.28
- 主な用途 珍味用げす

ギョウザ

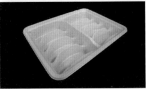

PS生餃子8個トレイ
- 寸法(mm) 185×142×32
- 入　数 630
- 商品コード 21012927
- 材　質 PS(白)
- 重量(g) 11.03

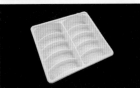

生餃子10個用トレイ(白)
- 寸法(mm) 165×185×32
- 入　数 900
- 商品コード 21012916
- 材　質 PS(白)
- 重量(g) 13.78

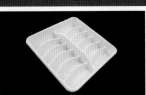

PS生餃子12個(2×6)トレイ
- 寸法(mm) 185×187×32
- 入　数 600
- 商品コード 21012928
- 材　質 PS(白)
- 重量(g) 17.80

PS生餃子12個(3×4)トレイ
- 寸法(mm) 253×142×32
- 入　数 600
- 商品コード 21012929
- 材　質 PS(白)
- 重量(g) 15.09

PP餃子14個トレイ
- 寸法(mm) 248.5×164×29.5
- 入　数 1200
- 商品コード 21012936
- 材　質 PP(Na)
- 重量(g) 8.90

PS生餃子15個トレイ
- 寸法(mm) 253×171×30
- 入　数 420
- 商品コード 21012930
- 材　質 PS(白)
- 重量(g) 18.17

PP餃子16個トレイ
- 寸法(mm) 267.5×169.5×26
- 入　数 600
- 商品コード 21012937
- 材　質 PP(Na)
- 重量(g) 16.50

PP餃子20個トレイ
- 寸法(mm) 309×170×30
- 入　数 600
- 商品コード 21012934
- 材　質 PP(Na)
- 重量(g) 14.34

赤松化成工業株式会社

ISO 9001・14001 認証取得
FSSC 22000 認証取得
登録範囲:ソフトドリンク及び野菜サラダ向けコップ用プラスチック蓋の製造

■本　　社／〒771-0298　徳島県板野郡松茂町満穂字満穂開拓119-1
　　　　　TEL.088-699-3733(代)　FAX.088-699-3732
■東京営業所／〒103-0022　東京都中央区日本橋室町1-12-13 日本橋鮒佐ビル4F
　　　　　TEL.03-5204-8277　FAX.03-5204-8299
■熊本営業所／〒866-0844　熊本県八代市旭中央通8番地の12(リップルビル501号)
　　　　　TEL.0965-31-8801　FAX.0965-31-8804

URL　http://www.akamatsu.com

41

サンライトニューリボンカップシリーズ

ファンシーな食材やテイクアウトに最適な特許商品です。

RIBBON CUP
なるほどオシャレ!!
環境にやさしく
しかもローコスト化で
人気にお応えします。

本体

	品　名	サイズ(外寸×深さ)	人　数	袋人数
角型	RK-350	126○×47.0	600	50
	RK-500	126○×65.0	600	50

	品　名	サイズ(外寸×深さ)	人　数	袋人数
丸型	RM-350	129φ×47.0	600	50
	RM-500	129φ×62.0	600	50
	RM-750	129φ×98.0	600	50

蓋

	品　名	サイズ(外寸×深さ)	人　数	袋人数
角型	RK-FC	126○×8.0	600	50
	RK-OC	126○×23.0	600	50

	品　名	サイズ(外寸×深さ)	人　数	袋人数
丸型	RM-TC	129φ×7.5	600	50
	RM-FC	129φ×11.0	600	50
	RM-OC	129φ×25.0	600	50

サンライトSNシリーズ

新デザインで登場!
欧米型大容量ボックスタイプ!!

多様化するニーズに応える深型ボックスタイプ

品名	サイズ	材質	袋入数	ケース入数
SN-300B	120×161×37H	A-PET	50	500
SN-500B	120×161×50H	A-PET	50	500
SN-750B	120×161×65H	A-PET	50	500
SN-1000B	120×161×81H	A-PET	50	500
SN-TC	123×164×12H	A-PET	50	1000

Sunpacks Co. Ltd
サンパックス株式会社

本社・工場／〒485-0822　愛知県小牧市大字上末字雁戸嶋1888-2
TEL〈0568〉73-5022㈹　FAX〈0568〉75-1357

サンライト 深型 カップシリーズ 丸

SPシリーズ

SP-900B　　SP-600B　　SP-450B　　SP-蓋（OC）

本　体				蓋			
品　名	サイズ（外寸×深さ）	入　数	1P＝入数	品　名	サイズ（外寸×深さ）	入　数	1P＝入数
SP-900B	114φ×124	750	1P=50	SP-蓋（OC）	114φ× 17	750	1P=50
SP-600B	114φ× 97	750	1P=50				
SP-450B	114φ× 78	750	1P=50				

サンライトのカットカップ

水がこぼれない ミラクルキャッピング

差別化・個性化にピッタリ

・水もれ、汁もれはありません。
・画期的なリード模様によりクリスタルイメージ。

本体・フタとも特許商品です。

本体

品　名	サイズ（外寸×深さ）	入　数	袋入数
MC86-120B	86φ×40	3000	100
MC86-150B	86φ×50	3000	100
MC10-200B	100φ×48	2500	100
MC10-250B	100φ×61	2500	100
MC13-320B	130φ×40.5	1500	100
MC13-430B	130φ×61	1500	100

蓋

品　名	サイズ（外寸×深さ）	入　数	袋入数
MC86-TC	86φ×7	3000	100
※ C86-FC	86φ×10	3000	100
MC10-TC	100φ×7	2500	100
※ C10-FC	100φ×11	2500	100
MC13-TC	130φ×7	1500	100
※ C13-FC	130φ×11	1500	100
※ C13-OC	130φ×25	1500	100

※印は従来のカットカップと兼用商品です。

Sunpacks Co., Ltd.
サンパックス株式会社

本社・工場／〒485-0822　愛知県小牧市大字上末字雁戸嶋1888-2
TEL〈0568〉73-5022㈹　FAX〈0568〉75-1357

⟨Ⓚ⟩seikoの食品軽量容器

《商品企画－金型－印刷－ラミネート－成型品》

製造品目

〈成型品〉 ●一般フードパック●仕切付フードパック●変型フードパック●トレー(受皿)各種●カップ類(丸・角)
●ホイルカップ(小型容器)●シームパック●苺ケース・フルーツケース●弁当・会席容器
●豆腐容器●卵ケース・贈答用トレー

〈開発品〉 ●ユニットケース●ラミネート製品●APET製品●新素材製品●ウルトラパック●刺身トレー
●デコレーショントレー●菓子用各種仕切トレー●ラップ及びシール式各種トレー

〈付属品〉 ●シャットラベル●シャットタッチ●フィルム(シール用)●折箱用透明蓋●グラスコップ飾蓋
●大型通函用パック●その他包装資材

フードパック（実用新案登録品）

規格フードパックは、150種類のバリエーションを取揃えております。

	一般用	仕切付フードパック	ドーム型フードパック (実用新案申請中)	備考
フードパック	![一般用]	![仕切付]	![ドーム型]	OB型 フードパック ON型 フードパック 仕切付 フードパック W型 フードパック (本体・蓋)同寸法深さ DM型 フードパック 印刷付規格フードパック
	約70種類	40種類	10種類	

	〈密着型フードパック〉
タッチパック	LJ型フードパックです。 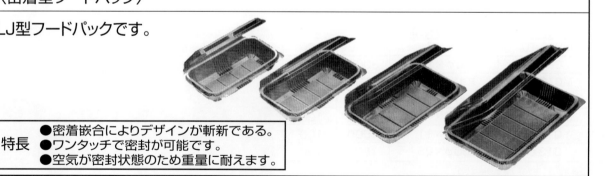 特長 ●密着嵌合によりデザインが斬新である。 ●ワンタッチで密封が可能です。 ●空気が密封状態のため重量に耐えます。

食品容器の綜合メーカー　――パッケージの文化と調和をクリエイトする――

 seiko 株式会社 セイコー

L-59

本社　〒535-0022　大阪市旭区新森6丁目5の30　TEL 06(6954)5971(代表)　FAX 06(6954)4021
工場　〒490-1113　愛知県あま市中萱津字九反所27　TEL 052(443)0842　　FAX 052(443)3324
URL　http://www.seiko-pack.co.jp/　E-mail　info@seiko-pack.co.jp

OPP
生分解・ポリ乳酸
PBT/PET/紙

ラミソフトケース ラミソフトケースは材質別に4種類を取り揃え、色・柄は19色と豊富でありご使用目的に合わせてお選びください。また新柄として季節・用途に応じて24種類の多彩なニューデザインを取り揃えております。

ラミケースソフトは三層構造で色彩（カラー印刷）は食品に移行を防ぎ、食品の安全・安心をモットーにラミネート加工を施しており、印刷インクが食品に接触致しません。
食品工場でのスピーディな作業性を考慮し、容器の底部にはマット加工を施すことで剥離を容易にしました。
生分解プラスチックは「使用中は、通常のプラスチックと同様に使用でき、使用後は自然界で微生物により、低分子化合物に分解され、最終的に水と炭酸ガスになるプラスチック」を生分解プラスチックと認識されています。
生分解の向上を目指し使用インクもポリ乳酸系のバイオテクカラーTEを使用した製品も取り揃えております。

■寸法／入数

商　品　名	サイズ 底径×高さ m/m	ケース入数 枚数×本
ラミソフトケース 4F	30φ×20	500×100
ラミソフトケース 5A	35φ×18	500×100
ラミソフトケース 5F	35φ×20	500×100
ラミソフトケース 6A	40φ×20	500× 50
ラミソフトケース 6F	40φ×25	500× 50
ラミソフトケース 7A	45φ×20	500× 50
ラミソフトケース 7F	45φ×27	500× 50
ラミソフトケース 8A	50φ×25	500× 50
ラミソフトケース 8F	50φ×30	500× 50
ラミソフトケース 9F	55φ×30	500× 50
ラミソフトケース 10F	55φ×36	500× 50
ラミソフトケース 12F	65φ×40	500× 50

寸法と深型、浅型の区分で棚へ保管した場合ラベル表示で整理し識別が容易です。

	単　位	入　数	梱包材表示	表示方法
包装表示	一本当たり	500枚	シュリンク包装で保形しております。	号数と浅・深
	ケース当たり	50/100本	段ボール単位	100本以上
	ピッキング(別途費用)	随時	各サイズ色・柄で詰合せが出来ます。	有償

ラベル
4F Soft Case (500枚) 深型 印刷色:茶
5A Soft Case (500枚) 浅型 印刷色:グリーン

材質：ＡＰＥＴ又はＰＳ透明を使用しております。
苺ケース・フルーツ容器

苺 300g

フルーツケース

〈エコロ製品〉
店舗内の再利用を目的で極厚製品も取り揃えております。
外径寸法：290×215×¹⁰/₂₂mm
（KS-1）
大型パック

品　　名		外　寸		内　寸		底　寸		深さ	入　数	備　考
		A	B	C	D	E	F	G		
苺ケース	200gS	118	172	157	118	70	123	38	2,000	奈良型 苺(小)
苺200G	(大)	178	115	103	118	143	186	40	2,000	一 般 用
苺 300gS		118	172	157	118	167	117	47	2,000	奈良型 苺(小)
苺 300G	(大)	178	115	103	118	145	188	48	2,000	一 般 用
苺 500g		178	120	108	118	142	191	60	2,000	〃
フルーツケース	S-15	118	133	120	118	151	102	40	2,000	苺300g大と同量
〃	S-20	228	165	155	118	185	135	50	1,200	いちぢく、枇杷
〃	SS-21	208	143	130	118	170	105	43	1,500	苺500g大と同量
〃	S-21	208	143	130	118	177	110	50	1,500	いちぢく、枇杷(ビワ)
〃	S-23	188	180	150	118	148	143	50	1,200	
〃	S-25	228	160	143	118	190	125	53	1,500	桃、梨、リンゴ6ヶ月
〃	S-27	230	171	155	118	190	130	60	1,000	桃M寸6ヶ月
〃	S-36	248	180	162	118	208	140	65	1,000	桃M寸5ヶ月
〃	S-100	265	190	168	118	220	146	72	1,000	ぶどう1kg、桃LL6ヶ月
〃	S-200	272	198	180	118	230	152	82	1,000	

食品容器の綜合メーカー
──パッケージの文化と調和をクリエイトする──
 seiko 株式会社 セイコー
 L-59

本社 〒535-0022 大阪市旭区新森6丁目5の30　TEL 06(6954)5971(代表)　FAX 06(6954)4021
工場 〒490-1113 愛知県あま市中萱津字九反所27　TEL 052(443)0842　FAX 052(443)3324
URL http://www.seiko-pack.co.jp/　E-mail info@seiko-pack.co.jp

材質はA-PETシートを使用しております。

●丸カップ・角カップ シリーズ

Maru Kaku CUP SERIES

型状	品　名	カップの外径寸法 （直径×深さ）	入　数
○	丸カップ　50c.c.	65φ×30	5,000
○	丸カップ　60c.c.	66φ×35	5,000
○	丸カップ　90c.c.	76φ×38	3,000
○	丸カップ　100c.c.	76φ×43	3,000
○	丸カップ　120c.c.	85φ×40	3,000
□	Ｂ４－　180c.c.	115φ×33	3,000
○	丸カップ　180c.c.	100φ×40	2,500
○	丸カップ　200c.c.	100φ×45	2,500
○	丸カップ　250c.c.	130φ×55	2,500
○	仕切付　300c.c.	130φ×40	1,500
○	丸カップ　320c.c.	130φ×55	1,500

型状	品　名	カップの外径寸法 （直径×深さ）	入　数
○	丸カップ　380c.c.	130φ×50	1,500
○	丸カップ　430c.c.	130φ×60	1,500
○	丸カップ　650c.c.	150φ×60	1,000
○	丸カップ　860c.c.	130φ×100	1,000
○	ジャンボカップ 230M2	110φ×40	2,000
○	ジャンボカップ 250M2	110φ×55	2,000
○	ジャンボカップ 225M2	130φ×35	1,500
○	ジャンボカップ 280M2	130φ×40	1,500
○	ジャンボカップ 300M2	130φ×43	1,500
○	ジャンボカップ 320M2	130φ×45	1,500
○	ジャンボカップ 430M2	130φ×60	1,500

品　名	外　寸 A	B
角カップ　80c.c.	107 ×	70
角カップ　100c.c.	105 ×	68
角カップ　120c.c.	105 ×	70
角カップ　120c.c.平角	110 ×	80
角カップ　200c.c.	138 ×	88
角カップ　250c.c.（S-15）	165 ×	115
角カップ　400c.c.	175 ×	115
角カップ　600c.c.（S-25）	225 ×	150
角カップ　1,000c.c.	222 ×	163

本格派の高級感あふれる容器です。

紙器については別注にて受け賜ります。

弁当・会席

■弁当・会席

品　名	入　数	仕切数	寸　法
松花堂60-90型	1000	5	262×170×30
松花堂230型	1000	5	217×217×35
松花堂245型	800	6	240×240×35
松花堂210-210	1000	4	210×210×35
松花堂85-85	800	5	253×253×35
幕の内60-85	1000	5	250×185×35
幕の内75-95	800	5	280×218×35
70-70A	300(50×6)	4	210×210×35
80-80	300(50×6)	5	240×240×35
S60-92	300(50×6)	5	275×180×35
93-66	300(50×6)	5	280×195×35
93-66A	300(50×6)	5	280×195×35
115-80	80(20×4)	5	340×245×40
120-90	60(20×3)	6	370×270×40
会席膳435-310	60(20×3)	10	435×310×42

松花堂60-90型

70-70A

松花堂210-210

120-90

幕の内75-95

会席膳435-310

折箱にOPS防曇（透明蓋）を多数取り揃えました。

折蓋1合用（防雲加工品）

■折蓋寸法

品　名	寸　法
折蓋一合	174×118
折蓋一合半	202×125
折蓋二合	218×160
折蓋巻一本	207× 70
折蓋長折	240× 76
折蓋4.5型	135×135
折蓋3.5型	115×115

紙器については別注にて受け賜わります。

食品容器の綜合メーカー

――――パッケージの文化と調和をクリエイトする――――

seiko 株式会社 セイコー

L-59

本社　〒535-0022　大阪市旭区新森6丁目5の30　TEL 06(6954)5971（代表）　FAX 06(6954)4021
工場　〒490-1113　愛知県あま市中萱津字九反所27　TEL 052(443)0842　　　FAX 052(443)3324
URL　http://www.seiko-pack.co.jp/　E-mail　info@seiko-pack.co.jp

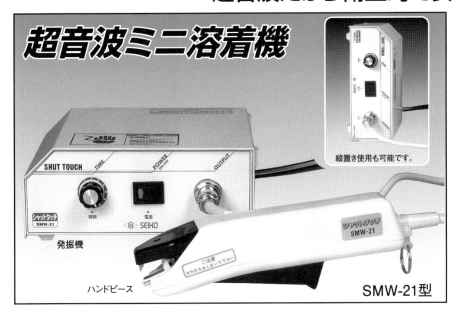

プラスチック軽量容器

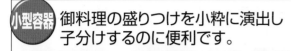

小型容器 御料理の盛りつけを小粋に演出し子分けするのに便利です。

ホイルカップ

SH-4・SH-5・SH-6・SH-7・SH-8
〈スチロール製品〉OPS（透明）・色物PS（RGY）
〈PP製品〉PP抗菌・フィラー入り（グリーン）

コンビカップ

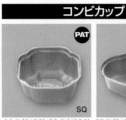

SQ

SF

SQ-5（24CC）・SQ-6（40CC）
〈スチロール製品〉OPS（透明）・色物PS（BK）
〈PP製品〉PP抗菌・フィラー入り（グリーン）

SF-5（24CC）・SF-6（40CC）
〈スチロール製品〉OPS（透明）・色物PS（BK）
〈PP製品〉PP抗菌・フィラー入り（グリーン）

三角コーナー

※ST-2はRタイプとCタイプの2種類があります。

ST-1（T）PST/STF-1（G）PPFG
ST-1（RT）PPRT/ST-1（N）PSN
ST-1（BK）PS

ST-2（T）PST/STF-2（G）PPFG
ST-2（RT）PPRT/ST-2（N）PSN
ST-2（BK）PS

笹舟

SD-1（T）PST/SD-1（G）PSG
SD-1（N）PSN

包装形態 取り扱いや保管時の整理を考慮して全ての製品をパック詰めしました。製品の保護と端数品の保管に便利です。
●カタログが必要な方はご一報下さい。

おせちトレー お料理の盛付け、詰合せを豪華に演出します。

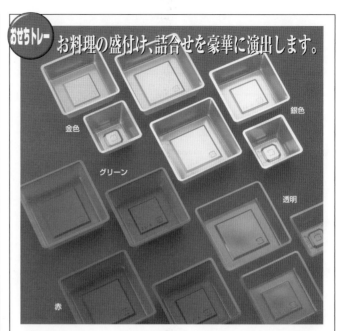

金色　銀色　グリーン　透明　赤

品　名	6.5寸用	7寸用	5寸用（小型仕切用）
形 式 名	S-65	S-70	S-70-9
製品寸法	87 × 87 × 30	97 × 97 × 30	64 × 64 × 33
入　数	4,800枚	4,800枚	10,000枚
色 の 種 類	金色・銀色・グリーン・赤・透明		

近日発売：5.5寸・6寸・7.5寸を開発中です。

トレー各種

■スチロールトレー

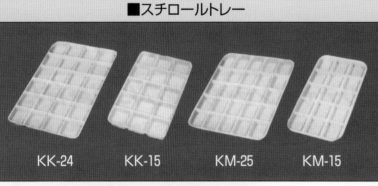

KK-24　KK-15　KM-25　KM-15

■OPS 珍味トレー

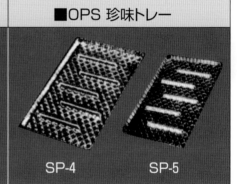

SP-4　SP-5

グラスコップの蓋

試食皿

新食材の試食皿として丸型・楊子付角型の2種類を御用意しました。食材によりお選び下さい。

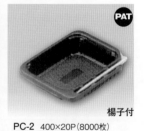
楊子付

TS-8　300×20P（6000枚）　PC-2　400×20P（8000枚）

総合カタログが必要な方はご一報ください。

食品容器の綜合メーカー

——パッケージの文化と調和をクリエイトする——

seiko 株式会社 セイコー

L-59

本社　〒535-0022　大阪市旭区新森6丁目5の30　TEL 06（6954）5971（代表）　FAX 06（6954）4021
工場　〒490-1113　愛知県あま市中萱津字九反所27　TEL 052（443）0842　FAX 052（443）3324
URL　http://www.seiko-pack.co.jp/　E-mail　info@seiko-pack.co.jp

IoTで遠隔制御して食品容器を生産する
スマートファクトリーを実現!!

先進のインモールドラベリングシステムで
付加価値の高い包装容器を創造します。

サンプラスチックス株式会社
Sunplastics co.,ltd.

〒619-0237 京都府相楽郡精華町光台1丁目2-9
TEL 077(439)8201(代表)　FAX 077(434)2882
URL http://www.sunpla.co.jp

WEBにアクセス

企画・設計から製造・販売まで一貫した生産システムで、付加価値の高い製品を提供し、斬新な機能パッケージを提案します。

深絞り容器

カーリング容器

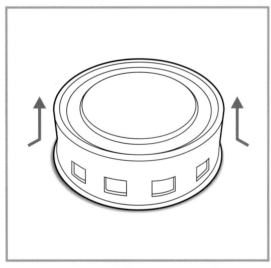

垂直テーパー

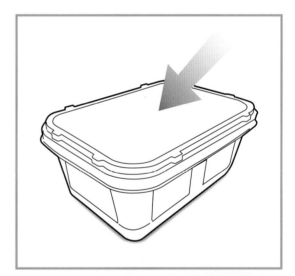

遮光容器

食品業界に対応したクリーンルーム内で製造を行っております。

○ 工場内を3エリアに区分し異物混入がより侵入しにくい体制。
○ 製造室は耐電防止仕様。 気密性を保つため壁や天井にパネルシステムを設置。
○ 防塵・汚染の軽減といった観点から樹脂による塗床で耐薬品性、耐摩耗性に優れてます。

 石原化学工業株式会社
http://www.ishihara-kagaku.co.jp

〒444-0427 愛知県西尾市一色町赤羽後田 28-1
TEL : 0563-72-8687　FAX : 0563-72-3638
E-mail : info@ishihara-kagaku.co.jp

営業内容 プラスチック容器の企画・設計・製造販売　営業品目 真空成形品、熱板成形品、真空圧空成形品 等

小型容器
自然素材容器
機能性容器
ガラス瓶
金属缶

鯛篭

弊社の原点の製品です。

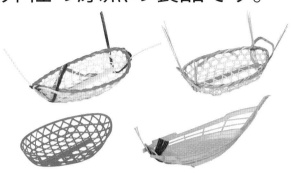

新製品 樹脂珍味カゴ

竹カゴ代替のP・P素材
茶フチと青フチの2色をご用意

商品名	樹脂珍味カゴ
サイズ・重量	Φ80×25H(mm)・重量7g
C/S入数	1500入り(1袋＝50×30)

角ザル 新商品 環境配慮型製品 ※意匠登録済

■店内リサイクル資材として経費・ゴミ削減、及び環境対策を応援致します。

角ザルM-81 (P.P)

品番	サイズ（長さ　深さ）	入数（ケース）	色	重量(g)
0286	183×183×50H	300個(50×6)	ブルー ブラック	48

角ザルM-83 (P.P)

品番	サイズ（長さ　深さ）	入数（ケース）	色	重量(g)
0285	208×208×50H	300個(50×6)	ブルー ブラック	56

角ザルM-22 (P.P)

品番	サイズ（長さ　深さ）	入数（ケース）	色	重量(g)
0287	226×130×50H	300個(50×6)	ブルー ブラック	45

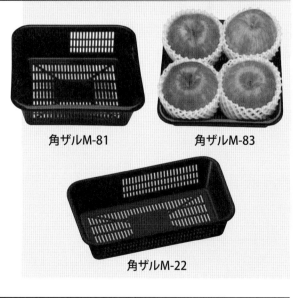

角ザルM-81　　　角ザルM-83

角ザルM-22

プラスチック製品製造・各種包装容器

松井化学工業株式会社

〒584-0024　大阪府富田林市若松町3丁目1番9号
TEL(0721)25-5868　FAX(0721)25-9117

松井化学工業　検索

http://www.matsui-co.com

地球にやさしい包装容器
自然が創り出した優れた素材

桶・樽の素材には、サワラ、スギ、ヒノキなど国内産を使用しています。多くは建築用材を取った残りの端材や、木を大きく育てるために間引きをした間伐材や根の部分など、一般に活用されない材料を無駄なく利用しています。

竹タガ樽

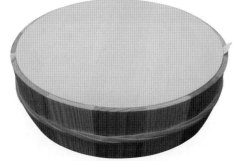

竹タガを使用することで、地球に優しく高級感のある樽です。漬物業界で好評!!

ベニヤ樽シリーズ

新商品 F樽ゴールド

プラカゴシリーズ

12種類あります。

高級化粧樽 プラスチック製品 製造元

株式会社 ゴトウ容器

〒485-0059　愛知県小牧市小木東三丁目105
TEL.0568-77-7786　FAX.0568-73-0184
URL●http://www.gotouyouki.jp/

ラベル
シール
マーキング資材

シュリンクラベル

つつむ包くん

未来への追求、卓越したパッケージ

装いも新たに登場。

國乃長

壽酒造株式会社

特許第6670661号

株式会社アドパック

本　　　社 〒569-0822 大阪府高槻市津之江町1-45-1アンフィニィ津之江Ⅱ TEL（072）673-8577
東京営業所 〒141-0031 東京都品川区西五反田町4-30-15-301 TEL（03）6303-9307
福岡営業所 〒812-0029 福岡県福岡市博多区古門戸町7-11-203 TEL（092）283-2206

フロンティアスピリット

2021

ISO 14001　ISO 9001
JQA-EM6798　JQA-QMA12058
出石工場　大阪工場
　　　　　出石工場

━━【営業品目】━━

●各種収縮ラベル　　　●各種キャップシール　　●多重巻きラベル
●デジタル印刷ラベル　●ストレッチラベル　　　●熱収縮チューブ
●収縮包装機と関連機器●各種ラミネート製品　　●その他包装資材

出石工場全景

社　是

1.私たちはお客様の思い全てを「匠」で伝えます。

1.私たちはお客様と共に変化し「次」を創造します。

1.私たちはお客様と共に挑戦し「夢」を追い続けます。

シュリンクラベルのパイオニア　　　　●ISO9001・ISO14001認証取得

日本シール工業株式会社

●大 阪 工 場	〒534-0011	大阪市都島区高倉町3丁目12番6号	TEL06（6925）5111㈹	FAX06（6925）5116
●東 京 営 業 所	〒110-0015	東京都台東区東上野1丁目12番2号 岡安ビル5階	TEL03（5818）3125㈹	FAX03（5818）3126
●出 石 工 場	〒668-0235	兵庫県豊岡市出石町鍛冶屋265	TEL0796（52）2341㈹	FAX0796（52）2420
●京 都 工 場	〒611-0041	京都府宇治市槇島町目川185番地1	TEL0774（23）1551	FAX0774（23）1552

http://www.nippon-seal.co.jp

テープ

和紙粘着テープ

- ●「包装用和紙粘着テープ」薄くしなやかな和紙。初期接着力に優れる。
- ●「包装用カラーテープ」豊富なカラーバリエーションで、識別やラッピングなどの用途に。
- ●「包装用印刷入り」各種テープの表面にご指定いただいたデザインの印刷が可能。
- ●「マスキング用和紙粘着テープ」薄くしなやかで強じん。
- ●「建築用マスキングテープ」強粘着タイプと弱粘着タイプ2種類をラインナップ。

手で切れる 和紙 バッグシーリングテープ
水に強いので濡れてもOK!

野菜・フルーツ・パン・クッキーなどの小分け袋におすすめです。
素材に和紙を使用しているので、ハサミや包丁を使わずに手で簡単に開封できます。

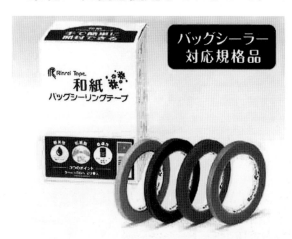

バッグシーラー対応規格品

※食品衛生法適合品（適合番号第370号）

黄 緑 赤 金

金属探知機に反応しません!
電子レンジ使用OK!・冷蔵庫内使用OK!

#194 規格　　Made in JAPAN

色	幅(mm)	長さ(m)	入り数(巻)	
黄	9	50	小箱 20	大箱 80
緑	9	50	小箱 20	大箱 80
赤	9	50	小箱 20	大箱 80
金	9	50	小箱 20	大箱 80

ISO 9001 審査登録
ISO 14001 審査登録
栃木工場
JCQA-0559
JCQA-E-0338

あれ、使いやすい！　まだまだ続く貼るものがたり
リンレイテープ株式会社

サトウキビから誕生した地球に優しいテープです。

バイオクロステープはテープ基材の芯材にサトウキビ由来の資源を採用した地球に優しい包装用粘着テープです。サトウキビ由来のバイオポリエチレンは、枯渇が叫ばれる石化資源を削減し、継続的再生産を可能にし、栽培時における CO_2 削減効果も期待できます。砂糖抽出後の残液を原料とする為、トウモロコシなどの他の原料に比べ食糧自給への影響も少なく、投機的にも安定しています。また、粘着剤も無溶剤タイプ、そして再生紙90%以上使用のグリーンマーク紙管を採用するなど、細部にわたり環境保全に優れた包装用粘着テープです。

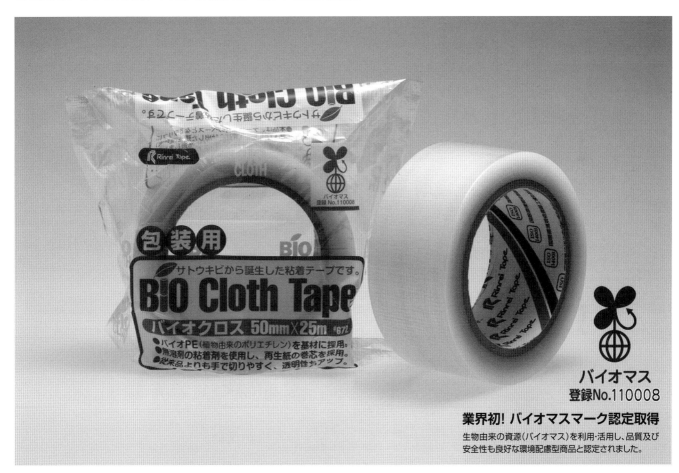

バイオマス
登録No.110008

業界初! バイオマスマーク認定取得
生物由来の資源(バイオマス)を利用・活用し、品質及び
安全性も良好な環境配慮型商品と認定されました。

●テープ基材の芯材にバイオPE(植物由来のポリエチレン)を50%配合
●PEクロステープでは業界初のバイオマスマークを認定取得
●無溶剤タイプの粘着剤を採用し、巻芯には再生紙90%以上を使用
●継続的再生産が可能で、栽培時における CO_2 削減効果
●従来よりも手切れ性と透明性もアップ(当社比)

バイオクロス♯672
50mm×25m 30巻入り

JAN:4951107067501
厚み:0.16mm
引張強度:25N/10mm
伸び:18% 粘着力:6.50N/10mm

本　　　社	〒103-0013 東京都中央区日本橋人形町2-25-13 リンレイ日本橋ビル	TEL:03-3663-1200
東 京 支 店	〒103-0013 東京都中央区日本橋人形町2-25-13 リンレイ日本橋ビル	TEL:03-3663-0071
大 阪 支 店	〒532-0005 大阪府大阪市淀川区三国本町2-1-10	TEL:06-6396-4881
札 幌 営 業 所	〒064-0913 北海道札幌市中央区南13条西9-1-12	TEL:011-518-4733
仙 台 営 業 所	〒980-0804 宮城県仙台市青葉区大町2-6-14 日新本社ビル4階	TEL:022-214-5681
宇都宮営業所	〒321-0967 栃木県宇都宮市錦3-6-20 TNビル2-A	TEL:028-622-6398
名古屋営業所	〒450-0003 愛知県名古屋市中村区名駅南1-24-30 名古屋三井ビル本館12階	TEL:052-581-5033
福 岡 営 業 所	〒819-0022 福岡県福岡市西区福重3-21-35	TEL:092-884-0181

テープ

pylon®

お弁当用テープ

耐水性・耐熱性に優れ、手で簡単に切れるお弁当用テープ

特長 1 手切性が良い

容器とテープの間に指を入れて
簡単に切る事ができます。

特長 2 水・熱に強く安定した粘着性

特長 3 作業性が良い

特長 4 保持性が良い

 RoHS2指令対応品 :紙管

RoHS指令有害10物質の規制値をクリア

お弁当用テープ　エコノミー

低温・常温環境下での粘着力を向上

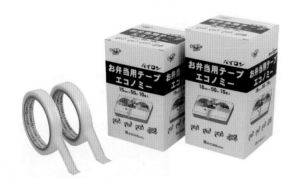

特長 1 水・熱に強く　安定した粘着性

特長 2 作業性が良い

特長 3 保持性が良い

低温でもしっかりくっつく

 :紙管

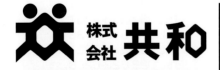

株式会社 共和

www.kyowa-ltd.co.jp

大 阪 本 社	〒557-0051 大阪市西成区橘3-20-28	TEL 06-6658-8214	FAX 06-6658-8101
東 京 支 店	〒135-0016 東京都江東区東陽5-29-16	TEL 03-5634-3841	FAX 03-5634-3845
札 幌 営 業 所	〒001-0015 札幌市北区北15条西4丁目2-16(NRKビル801)	TEL 011-746-6708	FAX 011-746-6659
仙 台 営 業 所	〒980-0802 仙台市青葉区二日町16-15(プライムゲート晩翠通6階)	TEL 022-713-7052	FAX 022-713-7054
名古屋営業所	〒460-0002 名古屋市中区丸の内3-20-22(桜通大津KTビル8階)	TEL 052-951-6971	FAX 052-951-6973
福 岡 営 業 所	〒812-0013 福岡市博多区博多駅東2-5-28(博多偕成ビル9階12号)	TEL 092-473-5391	FAX 092-473-0663
熊 本 出 張 所	〒861-2401 熊本県阿蘇郡西原村大字鳥子312-12	TEL 096-292-2226	FAX 096-279-2882

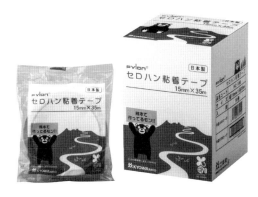

pylon®

セロハン粘着テープ

基材のフィルムはパルプを原料とした天然素材、粘着剤は天然ゴムなので、自然に優しく、環境負荷の少ない粘着テープです。軽包装全般にお使い頂けます。

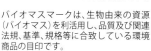

天然素材

天然ゴムや木が主成分

焼却しても安心

バイオマスマーク70認定

透明セロハン粘着テープは、バイオマスマーク認定商品です。

バイオマスマークは、生物由来の資源（バイオマス）を利活用し、品質及び関連法規、基準、規格等に合致している環境商品の目印です。

バイオマス
No.120034

 Plastics Smart

共和も本取組みを広げて行くためのキャンペーンへ参加しました。

RoHS2指令対応品 :紙管

RoHS指令有害10物質の規制値をクリア

印刷セロハン粘着テープ

販売促進、包装シール用としてお使い頂けます。
店名・商品名・メッセージなど別注による印刷も承ります。

N-1M

N-4S

別注品の最低受注数量(出来高納入)

幅(mm)	長さ(m)	最低受注数量
12	35	約600巻
15		約500巻
18		約400巻
24		約300巻

RoHS2指令対応品 :紙管

RoHS指令有害10物質の規制値をクリア

 株式会社 共和

www.kyowa-ltd.co.jp

大 阪 本 社	〒557-0051 大阪市西成区橋3-20-28	TEL 06-6658-8214	FAX 06-6658-8101
東 京 支 店	〒135-0016 東京都江東区東陽5-29-16	TEL 03-5634-3841	FAX 03-5634-3845
札 幌 営 業 所	〒001-0015 札幌市北区北15条西4丁目2-16(NRKビル801)	TEL 011-746-6708	FAX 011-746-6659
仙 台 営 業 所	〒980-0802 仙台市青葉区二日町16-15(プライムゲート勾当通6階)	TEL 022-713-7052	FAX 022-713-7054
名 古 屋 営 業 所	〒460-0002 名古屋市中区丸の内3-20-22(桜通大津KTビル8階)	TEL 052-951-6971	FAX 052-951-6973
福 岡 営 業 所	〒812-0013 福岡市博多区博多駅東2-5-28(博多偕成ビル9階12号)	TEL 092-473-5391	FAX 092-473-0663
熊 本 出 張 所	〒861-2401 熊本県阿蘇郡西原村大字鳥子312-12	TEL 096-292-2226	FAX 096-279-2882

PYlon®

バッグシーリングテープ 紙

紙が主成分の手で簡単に切れる

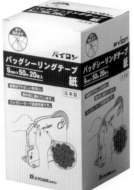

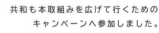

共和も本取組みを広げて行くための
キャンペーンへ参加しました。

海洋プラスチック問題
への取り組み

フィルムのプラスチック
使用量を70%低減*
*自社調べ(重量ベース)

環境にやさしいテープです。

消費者の立場で作った製品です

手で簡単に切れます　消費者が開けやすい

ハサミや包丁を使わなくても大丈夫

従来品(プラスチック使用)と同様に使用できます

強度OK*

水漏れOK
チルドでも使用可能

ご使用している器具で
結束可能

*自社調べ(重量ベース)

RoHS2指令
対応品

グリーンマーク :紙管
RoHS指令有害10物質の規制値をクリア

株式会社 共和
www.kyowa-ltd.co.jp

大 阪 本 社	〒557-0051 大阪市西成区橘3-20-28	TEL 06-6658-8214　FAX 06-6658-8101
東 京 支 店	〒135-0016 東京都江東区東陽5-29-16	TEL 03-5634-3841　FAX 03-5634-3845
札 幌 営 業 所	〒001-0015 札幌市北区北15条西4丁目2-16(NRKビル801)	TEL 011-746-6708　FAX 011-746-6659
仙 台 営 業 所	〒980-0802 仙台市青葉区二日町16-15(プライムゲート晩翠通6階)	TEL 022-713-7052　FAX 022-713-7054
名古屋営業所	〒460-0002 名古屋市中区丸の内3-20-22(桜通大津KTビル8階)	TEL 052-951-6971　FAX 052-951-6973
福 岡 営 業 所	〒812-0013 福岡市博多区博多駅東2-5-28(博多偕成ビル9階12号)	TEL 092-473-5391　FAX 092-473-0663
熊 本 出 張 所	〒861-2401 熊本県阿蘇郡西原村大字鳥子312-12	TEL 096-292-2226　FAX 096-279-2882

結束材

結束材

オーバンド® は、世界に誇る日本の発明品

大正12年（1923）、西島廣蔵（株式会社共和の創業者）が開発したアメ色ゴムバンドは、素晴らしい発明だと、当時たいへんな評判になりました。
その純粋なアメ色の美しさと品質の良さは、たちまち人気を集め、全国に知られるようになりました。

GOOD DESIGN AWARD 2013
オーバンド100g箱

2013年度
グッドデザイン
ロングライフデザイン賞 受賞

グッドデザイン賞は1957年の創設以来、日本を代表するデザインの評価・推奨の運動として広く知られる世界的なデザイン賞です。
その中でも、グッドデザイン・ロングライフデザイン賞は、発売以来10年以上継続的に提供され、かつユーザーや生活者の支持を得ていると思われる商品などのデザインに与えられます。

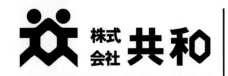
株式会社 共和
www.kyowa-ltd.co.jp

大 阪 本 社	〒557-0051 大阪市西成区橘3-20-28	TEL 06-6658-8214　FAX 06-6658-8101
東 京 支 店	〒135-0016 東京都江東区東陽5-29-16	TEL 03-5634-3841　FAX 03-5634-3845
札 幌 営 業 所	〒001-0015 札幌市北区北15条西4丁目2-16(NRKビル801)	TEL 011-746-6708　FAX 011-746-6659
仙 台 営 業 所	〒980-0802 仙台市青葉区二日町16-15(プライムゲート晩翠通6階)	TEL 022-713-7052　FAX 022-713-7054
名古屋営業所	〒460-0002 名古屋市中区丸の内3-20-22(桜通大津KTビル8階)	TEL 052-951-6971　FAX 052-951-6973
福 岡 営 業 所	〒812-0013 福岡市博多区博多駅東2-5-28(博多偕成ビル9階12号)	TEL 092-473-5391　FAX 092-473-0663
熊 本 出 張 所	〒861-2401 熊本県阿蘇郡西原村大字鳥子312-12	TEL 096-292-2226　FAX 096-279-2882

O'Band ®

標準ゴムバンド

| 30g箱 | 100g箱 | 300g箱 | 500g袋 | 1kg袋 |

産業用ゴムバンド

耐候性　　耐油性　　耐熱性

シリコーン製ゴムバンド

凛としたバンド　　シリコーンバンドクレアス

たばねバンド

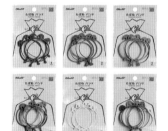

たばね バンド　　たばね

QUTTO・SVELTE

ネコ　イヌ
ウサギ　クマ

QUTTO

SVELTE

オーバンド缶シリーズ

オーバンド缶　　シルバー缶
ゴールド缶　　カモフラ缶

オーバンド パック

アメ色　　カラー

株式会社 共和
www.kyowa-ltd.co.jp

大 阪 本 社	〒557-0051 大阪市西成区橘3-20-28	TEL 06-6658-8214　FAX 06-6658-8101
東 京 支 店	〒135-0016 東京都江東区東陽5-29-16	TEL 03-5634-3841　FAX 03-5634-3845
札 幌 営 業 所	〒001-0015 札幌市北区北15条西4丁目2-16(NRKビル801)	TEL 011-746-6708　FAX 011-746-6659
仙 台 営 業 所	〒980-0802 仙台市青葉区二日町16-15(プライムゲート晩翠通6階)	TEL 022-713-7052　FAX 022-713-7054
名古屋営業所	〒460-0002 名古屋市中区丸の内3-20-22(桜通大津KTビル8階)	TEL 052-951-6971　FAX 052-951-6973
福 岡 営 業 所	〒812-0013 福岡市博多区博多駅東2-5-28(博多偕成ビル9階12号)	TEL 092-473-5391　FAX 092-473-0663
熊 本 出 張 所	〒861-2401 熊本県阿蘇郡西原村大字鳥子312-12	TEL 096-292-2226　FAX 096-279-2882

結束材

VINY-TIES®

和紙タイ（ポリ芯）

ワイヤーを使っていないから、より安心安全。
芯材に、特殊樹脂を使用している安全で衛生的なビニタイです。

つけたまま電子レンジに入れても発火しません。

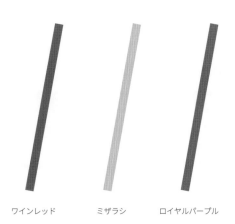

ワインレッド　ミザラシ　ロイヤルパープル

フラッグタック

袋の口にフラッグタックを取り付けるだけで、
簡単にワイヤー付き袋になります。

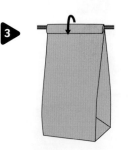

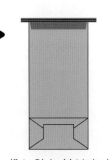

1 剥離紙を剥がします。

2 袋に貼り付けます。

3 2~3回折り曲げます。

4 ワイヤーを折りこんで、とめます。

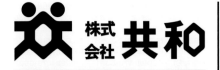

株式会社 共和　www.kyowa-ltd.co.jp

大阪本社	〒557-0051 大阪市西成区橘3-20-28	TEL 06-6658-8214	FAX 06-6658-8101
東京支店	〒135-0016 東京都江東区東陽5-29-16	TEL 03-5634-3841	FAX 03-5634-3845
札幌営業所	〒001-0015 札幌市北区北15条西4丁目2-16(NRKビル801)	TEL 011-746-6708	FAX 011-746-6659
仙台営業所	〒980-0802 仙台市青葉区二日町16-15(プライムゲート晩翠通6階)	TEL 022-713-7052	FAX 022-713-7054
名古屋営業所	〒460-0002 名古屋市中区丸の内3-20-22(桜通大津KTビル8階)	TEL 052-951-6971	FAX 052-951-6973
福岡営業所	〒812-0013 福岡市博多区博多駅東2-5-28(博多偕成ビル9階12号)	TEL 092-473-5391	FAX 092-473-0663
熊本出張所	〒861-2401 熊本県阿蘇郡西原村大字鳥子312-12	TEL 096-292-2226	FAX 096-279-2882

VINY-TIES®

ひねってむすぶさん（3層タイ）

破れにくい紙製ビニタイ。使いやすい少量タイプです。

箱に入れたまま、好きなところでカットして使えます

環境に配慮した紙製ビニタイ＆紙製パッケージ

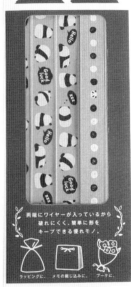

小巻タイプ
●10m巻き（8mm幅）

小巻タイプ
●8m巻き（12mm幅）

カットタイプ
●20本入（8mm×15cm）

カットタイプ
●15本入（12mm×15cm）

8mm幅

 感謝　 FORYOU　 方眼紙　 THANKYOU

 縁起物　 ほんの気持ち　 クラフト無地

12mm幅

 アルファベット　 パンダ　 麻の葉　 オリーブ　 北欧

 株式会社 共和　www.kyowa-ltd.co.jp

大 阪 本 社	〒557-0051 大阪市西成区橘3-20-28	TEL 06-6658-8214	FAX 06-6658-8101
東 京 支 店	〒135-0016 東京都江東区東陽5-29-16	TEL 03-5634-3841	FAX 03-5634-3845
札 幌 営 業 所	〒001-0015 札幌市北区北15条西4丁目2-16(NRKビル801)	TEL 011-746-6708	FAX 011-746-6659
仙 台 営 業 所	〒980-0802 仙台市青葉区二日町16-15(プライムゲート晩翠通6階)	TEL 022-713-7052	FAX 022-713-7054
名古屋営業所	〒460-0002 名古屋市中区丸の内3-20-22(桜通大津KTビル8階)	TEL 052-951-6971	FAX 052-951-6973
福 岡 営 業 所	〒812-0013 福岡市博多区博多駅東2-5-28(博多偕成ビル9階12号)	TEL 092-473-5391	FAX 092-473-0663
熊 本 出 張 所	〒861-2401 熊本県阿蘇郡西原村大字鳥子312-12	TEL 096-292-2226	FAX 096-279-2882

業務出荷資材として最適。
豊富な種類とサイズ

マイカロン
巾広く使える手結束紐
一般包装用

材質：PP（ポリプロピレン）

品番	標準巾(mm)	標準重量(kg)	標準長さ(m)	色	入数(巻)
#15	100	1.5	1,000	白・赤・青・黄・緑・紫	5
#20	150	1.5	750	白	5
#30	200	1.5	500	白	5
#50	300	1.5	300	白	5

マイカロープ
比較的重い梱包用
3本撚

材質：PP（ポリプロピレン）

品番	標準巾(mm)	標準重量(kg)	標準長さ(m)	色	入数(巻)
#3	4	1.0	300	白	5
#5	6	1.5	300	白	5
#7	8	1.5	200	白	5
#10	10	1.5	150	白	5

マイカスターコード
伸びにくく、切り口がばらつかない
熱融着紐

材質：PP（ポリプロピレン）

品番	標準巾(mm)	標準重量(kg)	標準長さ(m)	色	入数(巻)
#3	4	1.5	700	白	5
#5	6	1.5	500	白	5
#7	8	1.5	300	白	5
#10	10	1.5	200	白	5

マイカロンミニ
コンパクトな巻き仕立
小口業務用などシュリンク包装

材質：PP（ポリプロピレン）

標準巾(mm)	標準重量(g)	標準長さ(m)	色	入数(巻)
100	500	300	白	40

マイカロープミニ
引越荷造用などミニタイプ（3本撚紐）
切り口がばらつかない熱融着紐、シュリンク包装

材質：PP（ポリプロピレン）

品番	標準径(mm)	標準重量(g)	標準長さ(m)	色	入数(巻)
#2A	3	230	85	白	40
#3A	4	230	70	白	40
#5A	6	230	45	白	40

比較的手軽な
包装・荷造り用に。

マイカロン玉巻
カラフルで手軽な汎用玉巻紐
シュリンク包装

材質：PP（ポリプロピレン）

品番	標準巾(mm)	標準重量(g)	標準長さ(m)	色	入数(巻)
E	70	300	300	白・赤・青・黄・緑・紫	40
F	35	320	500	白・赤・青・黄・緑・紫	40

リストンテープ（レコード巻）
一般軽包装・装飾用に
シュリンク包装

材質：PE（ポリエチレン）

品番	標準巾(mm)	標準重量(g)	標準長さ(m)	色	入数(巻)
リストンテープ	50	500	500	白・赤・青・黄・緑・紫	30

ジョビー
自動結束機用テープ
製本・段ボールシートなど

材質：PE（ポリエチレン）

品番	標準重量(kg)	標準長さ(m)	色	入数(巻)
#28	2.0	3,600	白・赤・青・黄・緑・紫	12
#35	2.0	3,000	白・赤・青・黄・緑・紫	12
#50	2.0	2,200	白・赤・青・黄・緑・紫	12

ジョビーR
自動結束機用片撚紐
農水産物・宅配物など

材質：PP（ポリプロピレン）

品番	標準重量(kg)	標準長さ(m)	色	入数(巻)
#6000	2.0	3,000	白	12
#7000	2.0	2,600	白	12
#8000	2.0	2,250	白	12

マイカキープ
PPバンド用ストッパー

材質：PP（ポリプロピレン）

品番	規格(m)	入数(巻)
#12	12	1,000×10
#16	16	1,000×10

石本マオラン株式会社

URL：http://www.maolan.co.jp

本　　　社	〒110-0016	東京都台東区台東1丁目36番3号	TEL.03-3833-7791
大阪営業所	〒541-0054	大阪市中央区南本町4-5-7　東亜ビル8F	TEL.06-6245-6881
名古屋営業所	〒450-0002	名古屋市中村区名駅3-11-22　IT名駅ビル	TEL.052-561-0611
渥美工場	〒441-3609	愛知県田原市長沢町稲葉1番地2	TEL.0531-33-0001

ISO 9001:2000
JQA-QM8572

ISO 14001
JQA-EM4957
渥美工場

緩衝材

OSKパルプモウルド

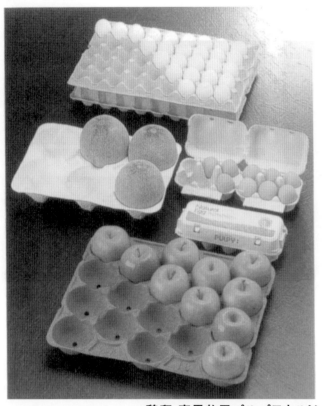

鶏卵・青果物用パルプモウルド

工業用パルプモウルド

失いたくない、緑。汚したくない、自然。環境保全のために、リサイクルによるパルプモウルドです。
さまざまなカタチを、しなやかに、つつむ。
OSKのパルプモウルドの使用で、環境と資源を守る、行動を示せます。

特　徴

●環境・資源保護
古紙利用のリサイクル製品なので、資源の節約に貢献できます。

●廃棄処分が容易
紙製品のため焼却・埋立処分ができ、無公害。また回収・再利用が可能です。

●自社設計のリブ構造
リブ構造により、発泡スチロールと同等の緩衝効果が得られます。

●精度・美粧性
アフタープレスを施すことにより、精度及び美粧性が向上します。

●企業姿勢をアピール
パルプモウルドを使用することで、企業の環境保護に対する姿勢をアピールできます。

<対象品>
家電、音響、弱電製品、衛生陶器、etc
…緩衝材、固定材に

大石産業株式会社（OSK）

福岡県北九州市八幡東区桃園2丁目7番1号
TEL.093-661-6511　FAX.093-661-1641

■北九州支店
福岡県鞍手郡鞍手町古門4032番地1
TEL.0949-42-0370　FAX.0949-42-2965

■関東営業課
茨城県北茨城市中郷町日棚宝壺1471番地29号
TEL.0293-43-6125　FAX.0293-42-4767

■東北営業課
青森県上北郡おいらせ町中平下長根山1番地145
TEL.0178-56-3112　FAX.0178-56-4310

Arrow Anchor ®

■PAT No.5733692

「アローアンカー」は、
発泡緩衝ブロックとプラスチックダンボールとの
接続固定や発泡緩衝ブロック同士の接続固定を
簡単な作業で素早く確実にすることができます。

シンプルだから実現できた、 使いやすさと機能の両立。

特許取得済み
「アローアンカー」の技術は、
特許として認められました。

打ち込むだけで簡単に使える

ハンマーひとつで発泡緩衝
ブロックとプラスチック
ダンボールの接続固定・補強
・補修が出来ます。
使い方は釘のような感覚で
打ち込むだけ！とても簡単
下穴も必要ありません。

素早く確実に固定

「アローアンカー」は 特有
の矢印の様な形で発泡緩衝
材の内部破損を最小限に！
発泡緩衝材・プラスチック
ダンボール同士をしっかり
と固定します。

コストの削減
「アローアンカー」は
様々な面でコスト削減が可能です。
製造工程上での工数と無駄な部材の削減！
今まで修繕にかかっていた費用はもちろんのこと、
作業時間というコストの削減も可能。また、作業
そのものの簡易化により作業指導時間をも削減で
きます。

環境に優しい リサイクル＆エコロジー

廃棄処分を行う際の解体や分別作業を無くし、
そのままリサイクル。リサイクルを促進することで
地球環境保全にも貢献が出来るので極めてエコロジ
ーです。

コトーのお仕事、 それは
これまでも。。。 これからも。。。
ヒトにも地球にも優しい
『包む何か』 を創ること

パッケージ＆物流を
ECO 楽しくトータルサポート
します！

株式会社コトー 〒463-0087 愛知県名古屋市守山区大永寺町237
TEL.052-793-5531   FAX.052-793-3568

知りたい情報満載
詳しくは WEB で

アローアンカー 検索

http://www.koto-line.co.jp

ご質問・ご依頼などのお問い合わせは、
TEL: 052-793-5531
または ホームページメールフォーム よりどうぞ。

大型容器
フレコン
パレット
コンテナー

物流の改革と製品の安全性を追求します

ダイテックボックスSD

洗浄可能で衛生的なボックス

底4コーナーに熱溶着によるシール加工を施し、水・油・粉などが漏れない箱も作成できます。
また、空気の通り道を作った穴あきタイプは食品関係など、乾燥や冷蔵を必要とするものにおすすめです。様々な分野での活躍が期待できます。

「縦・横・高さ」
自由設計の
オーダーメイド

●ダイテックボックスSDの表面

ダイテックボックスSDは低発泡ポリプロピレンシートで作られ軽くて剛性に優れています。シート表面に帯電防止層があり静電気が発生しづらく、ゴミやホコリを寄せ付けない衛生的なボックスになりました。

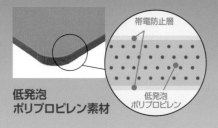

帯電防止層

低発泡
ポリプロピレン素材

低発泡
ポリプロピレン

●ダイテックボックスSDの表面

帯電防止性能と洗浄の関係

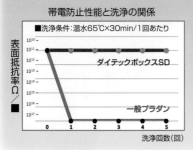

■洗浄条件:温水65℃×30min/1回あたり

表面抵抗率Ω

ダイテックボックスSD

一般プラダン

洗浄回数(回)

ダイテックボックスSDは洗ったら帯電防止効果が落ちてしまう一般的なプラダンと違って、洗浄しても帯電防止効果が変わりません。

(表面固有抵抗で10^{10}〜10^{13}Ωを保持)

デスクウォール

新型コロナウイルス感染拡大防止

ついたて設置 による飛沫感染対策!

オフィスでのコロナ対策

差し込みタイプ と 自立タイプ があります。

●DW2-1250C

↑穴

切り込みをカット

DW2-1250Cは下部に穴があり、配線も問題なし。
また、下部真ん中部分に切り込みがありカッターで切れば、下にものを通すことができます。

視界フリーでストレスフリー

「デスクウォール透明」は相手の顔を見ながらストレスフリーで会話ができる優れもの。スタンドで自立させることができるので、どこへでも設置できます。PETシートに特殊罫線を入れ90度に曲げることにより、シート全体の強度をあげました。安心して快適な会話ができる強い味方です。

PET製

人と地球にやさしいモノづくりを…

第一大宮株式会社

http://www.no1ohmiya.co.jp

本社・大阪営業所/〒566-0045 大阪府摂津市南別府町16-16　TEL.06-6340-0909(代)　FAX.06-6340-0006
東京営業所/〒103-0012 東京都中央区日本橋堀留町1丁目8-10 三ツ美ビル3F　TEL.03-5614-7773(代)　FAX.03-5614-7774

業務用液体容器

バロンボックス

●容器の構成は薄肉の内容器と、外装に段ボールケースを組合せたワン・ウェイ容器です。

●内容器はポリエチレンのノンバリアタイプと、食品業界に欠かせないガスバリア性に優れた
ハイバリアタイプを取り揃えています。

●容量は5、10、18、20リットルの4タイプで、いずれも容器の口径は直径32mmです。

●商品価値をさらに高めるには、外装段ボールケースにお客様専用の印刷デザインも対応可能です。

●お客様のニーズにお応えするために、コック、ノズルなど機能性の高い専用部品
も豊富に品揃えをしています。

◎飲料・食品分野に最適!
スクエア（ガゼットタイプBIB）

●製袋はクリーンな環境で製造され、
極めて清潔な容器です。

●上面のシール部が持ち手の機能を有し、
持ち運びに非常に便利です。

●廃棄時は減容化、減量化に優れ、環境適性
への貢献度が高いです。

◎工業品分野に最適!
クリーン（成型タイプBIB）

●自動化した成型ラインでリーク検査を行い、
品質保証をしています。

●自社で原料ブレンドを行い、耐ピンホール性
に高い薄肉容器です。

●落下強度・耐薬品性など容器の絶対強度
に優れています。

■お客様のスペースや使用条件、希望充填能力に応じた充填機、製函機、ライン化をご提案いたします。

小容量・液体ワンウェイ容器

スパウトバッグ

●詰め替え用に最適なスパウト付き容器

●軽量で扱いやすく、様々な用途にご利用いただけます。

スパウトバッグ3つの特徴

①省スペース化
同容量の他容器と比較し未使用時の省スペース化、廃棄量削減に貢献します。

②小容量
小容量のため使い切りに便利です。

③バリア性
高いバリア性・保香性があります。

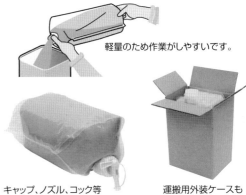

軽量のため作業がしやすいです。

	容量	口径(mm)
スパウトバッグ	5ℓ	φ32
	4ℓ	
	3ℓ	

※バロンボックスの専用部品が使用出来ます。

キャップ、ノズル、コック等
共通専用部品が
使用できます。

運搬用外装ケースも
ございます。
（仕様変更可能）

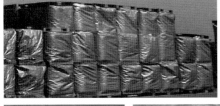

保管・保護カバー／
保冷BOX

高反射シートを使った仕様も可能!
（お客様のご要望サイズに対応いたします。）

▼小泉製麻株式会社
http://www.koizumiseima.co.jp

紡いで
つなぐ
130周年 130th
KOIZUMISEIMA Since1890

営 業 本 部：〒657-0864　神戸市灘区新在家南町1丁目2番1号
　　　　　　　BIB営業部　　　TEL.078-841-9342　FAX.078-841-9349
　　　　　　　物流資材事業部 TEL.078-841-9344　FAX.078-841-9349

東 京 支 店：〒162-0842　東京都新宿区市谷砂工原町2丁目7番15号 市ヶ谷ガーデンプラザビル1階
　　　　　　　TEL.03-5227-5325（代表）　　FAX.03-5227-5328

福 岡 営 業 所：〒812-0013　福岡市博多区博多駅東1丁目10番30号　好友博多駅東ビル4F
　　　　　　　TEL.092-474-8300　FAX.092-474-8311

本　　　　社：〒657-0864　神戸市灘区新在家南町1丁目2番1号
　　　　　　　TEL.078-841-4141（代表）　　FAX.078-841-4145

リメイクパレット（再生パレット）

‥‥〈リメイクパレットとは〉‥‥‥‥‥‥‥‥‥‥‥‥‥‥‥‥‥‥

①パレットの分解

ダメージの著しいパレット、原料などの輸入時に付いてきたパレットなど、不要なパレットを分解

リメイクマシンのカッター部

どちらか一面の板を切り離す

もう一面の板を切り離す

全ての板と桁をバラバラに

②材料の切りそろえ

分解した材料に残った釘を処理し、必要であれば
長さを切りそろえる

取り出した板のカット

取り出した桁のカット

③パレットの製作

取り出された材料を使って
パレットを製作

パレットへ生まれ変わります

④マテリアルリサイクル

使えない材料は、
外壁ボード原料などの
マテリアルリサイクルへ

使えない材料はマテリアルリサイクル

導入メリット

・ゼロエミッションに貢献
　不要パレットの有効活用で廃棄物の排出量を減らします
・新規購入費を削減
　リメイクパレットの活用で、パレットの新規購入費を削減

・廃棄処理費用を削減
　廃棄物の処理費用の大幅な削減
・サスティナブルな物流環境へ
　リメイク（作り直し）、リユース（再利用）、リペア（修繕）の組み合わせにより地球環境にやさしい物流環境をお手伝い

防虫処理不要の輸出パレット「LVLパレット」

輸出パレットの決定版！

累計出荷台数
50万台突破!!

各国の検疫規制（国際基準No.15）対象外の素材です。規制が厳しくなる傾向にある中国向けにも対応いたします。一般的な針葉樹材に比べ強度が高くコストダウンが可能。お客様のニーズに合わせたオリジナルサイズでお届けします。

ダイトーロジテム株式会社

愛知県弥富市楠2-9
電話　0567-68-1930　　FAX　0567-68-1933

ホームページをご覧ください。 http://daito-logitem.jp/

接着剤
インキ

抗菌 プラス におわなインキ®
SIAA登録商品 インキ臭を抑えた印刷です

http://www.miyakoink.co.jp

「におわなインキ抗菌プラス」は抗菌性が評価されたSIAA（一般社団法人抗菌製品技術協議会）登録商品です。

「におわなインキ抗菌プラス」を使用することで持続性がある「抗菌性」とニオイを抑えた「低臭性」を合わせた付加価値を印刷物に付与します。

無機銀系の抗菌剤を使用していますので、安全性が高く抗菌性の持続性も優れています。抗菌剤と同様に他の成分も安全性、低臭気、性能を考慮し厳選された素材にくわえて特殊な吸着剤を使用しインキのみならず印刷物のニオイを低減します。

MIYAKO INK

印刷インキと資材の都インキ株式会社
都インキ株式会社

www.miyakoink.co.jp　🔍 都インキ

【本社・工場】
〒538-0044 大阪市鶴見区放出東1-7-13
TEL 06-6961-0101　FAX 06-6961-0303
【東京支店】
〒134-0084 東京都江戸川区東葛西4-24-4
TEL 03-6456-0525　FAX 03-6456-0526

プラスチック袋
紙袋

mini mini スライダーポーチ

特許を取得したオリジナルスライダーを装着した
小型の多目的収納ポーチです。

グラビア印刷の色彩と薄膜フィルムにスライダーがドッキング！
そのまま「小分け袋」は勿論、外装袋やスターターキット用に便利！

特長

▶ スライダーはチャックの開閉が簡単便利です。

▶ スライダーはカラフルな色で、ツートンカラーも可能です。

▶ 縦開きも可能です。

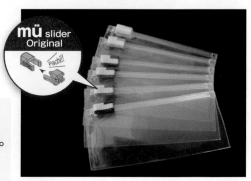

mü Slider ミュースライダー

特許取得品

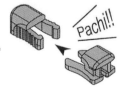

世界初！ ツートンカラーのスライダー

一般に広く使用されている一対型の発想を払拭し、
分離型として開発いたしました。（二つのパーツを
嵌合させて一つのスライダーにします。）

ツーパーツだから…
カラーの組み合わせによって、愛らしさが芽生え、
売り場での訴求効果が期待されます。

オリジナルカラーのスライダーポーチも10,000袋から承ります。

株式会社 ミューパック・オザキ

〒581-0042　大阪府八尾市南木の本 5 丁目 2 番地
TEL.072-991-1505　FAX.072-993-9946

ミューパック・オザキ　　検索

ハイパック チャックテープ&チャック付袋

センティ/CENTY

新時代のチャックテープ。使いやすさと耐久性に優れたチャック。

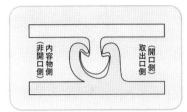

■特長
開口側（取出口側）からは開け易く、非開口側（内容物側）からは非常に開き難い構造です。

■構造
左右非対称の鍵爪が外側の強度を低く抑え、かつ開閉繰り返しの耐久性を大きく向上させています。

■用途
お年寄りからお子様までの力の弱い方々にも開封しやすく、菓子や医薬錠剤等、繰り返し開閉を必要とする用途等。

特許　日本No.4049933　米国No.6539594　韓国No.10-0637969

エクシール/EXSEAL

高密封チャックの決定版。密封できるチャック。重袋用に最適。

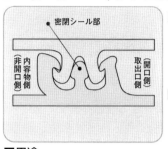

■特長
耐衝撃性が優れているために、重量物や液体をいれて落下させてもチャックが開きにくくなっています。

■構造
チャック内部に形成されいている独立したシール部が、密封性を保ちます。

■用途
密閉できますので金属缶やガラス壜の代替が期待できます。

AZ袋

使いやすさと耐久性に優れたスマートなチャック付の加工袋です。

〈フィルムにチャックを押し出し加工して製作した袋〉

■特長
・使用フィルムは単層〜三層共押出し〜ラミネート、PE、LL、CP、OP//CP等豊富です。
・多色（7色以上）、繊細な印刷が可能です。
・1版で袋の両面に印刷できます。
・溶断シールで袋幅いっぱいに内容物がはいります。

LL-13NC

粉体包装に

・チャック内に広い空間を保有し、内容物が付着しても目詰まりしにくい設計

・特殊形状により嵌合時のパチパチ感が良好

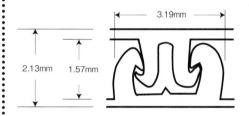

超大型袋

超密閉チャックテープ『Wエクシール』付

大型袋と高性能チャックの組み合わせで用途が広がります!

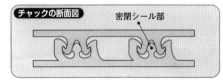

チャックの断面図　密閉シール部

■特長
大きな開口でもチャック&スライダーで簡単に閉じることができ、ヒートシーラーが必要ありません。最新の設備により外寸2,000mm×1,100mmまでの袋の製造が可能です。

■構造
特殊形状の高密閉チャック『エクシール』が2本並んでいます。これで密閉性、安心感も更に倍!ヒートシール無しでも高い密閉性が得られます。

■用途
チャックからの湿気・酸素の進入を高度に遮蔽でき、品質を長持ちさせます。固体液体混合物の一時保存用容器として使えます。現地作業等、ヒートシーラーの無い場所での大型袋の密閉が可能です。

KS-13

低温ヒートシール化により仕上がりが綺麗なチャック。

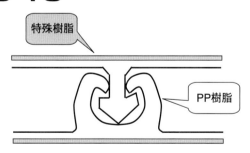

特殊樹脂　PP樹脂

■特長
・シーラントを選ばずシールが可能（PE、PP）
・低温ヒートシール化により仕上がりが綺麗（従来チャックより20〜30℃の低温シール化）
・嵌合時のパチパチ感が向上
・高強度チャックと同等の嵌合強度

嵌合強度(N/50mm)	
開口側	非開口側
10N	70N

※値は代表値であり保障値ではありません。

ハイパック株式会社

URL http://www.hi-pack.jp
〒105-0012　東京都港区芝大門一丁目13番7号
TEL(03)6860-8189 FAX(03)5403-6770

大阪営業所　〒550-0011　大阪市西区阿波座一丁目4番4号（野村不動産四ツ橋ビル3階）
TEL（06）6578-5209　FAX（06）6578-5220

龍野工場　〒679-4155　兵庫県たつの市揖保町揖保中251番地1
ISO9001 ISO14001　TEL（0791）67-0682　FAX（0791）64-9036

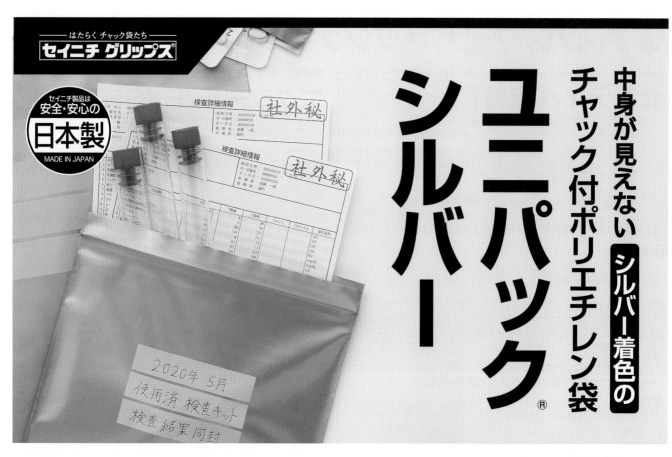

はたらく チャック袋たち
セイニチ グリップス®

セイニチ製品は
安全・安心の
日本製
MADE IN JAPAN

中身が見えない シルバー着色の
チャック付ポリエチレン袋
ユニパック®
シルバー

ユニパック® **ユニパックシルバー**
（チャック付ポリエチレン袋）

●3サイズで新登場!
●シルバー着色不透明なので内容物が見えません!
●書き込み可能!!

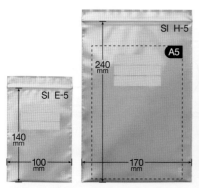

SI E-5 / SI H-5 / SI J-5
140mm / 100mm / 240mm / 170mm / 340mm / 240mm
A5 / A4

プライバシー保護
秘密保持が必要な書類や商品サンプル、検査キット等に

遮光効果
医薬品・衛生用品・コスメ等の保護・保管に ※完全に遮光するものではありません。

書き込みできる
封入物や封入日時等が書き込める白ベタ印刷付

ユニパック®**シルバー用途例**

薬品・衛生用品 医薬品、目薬、点鼻液、絆創膏 等	**日用雑貨品** 生活雑貨品 等
紙・書類 書類、パンフレット、チラシ 等	**工業用品** 機械部品 等
衣類・繊維製品 シャツ、下着、ズボン、タオル 等	

品 番	チャック下 × 袋巾 × 厚み	1ケース入数(枚)	1袋
SI E-5	140mm×100mm×0.05mm	5,000	100枚
SI H-5	240mm×170mm×0.05mm	2,300	100枚
SI J-5	340mm×240mm×0.05mm	1,200	100枚

取扱い上の注意 ●突起物のあるものを入れると、材質上破れることがありますのでご注意ください。●電子レンジ・オーブンには、ご使用出来ません。●可燃物ですので、火のそばに置かないでください。●内容品については使用不適格な物があります。販売店又はメーカーに相談のうえご購入ください。●密封した後、上から押さえつけたり、重いものをのせたりしないでください。袋が開いたり、破れたりすることがあります。● 製品にポリエチレンを加工する際に生じるニオイが残ってる場合があります。●乳幼児の手の届かないところに保管してください。●本製品をガスコンロやオーブントースター機能付きレンジ、オーブントースターなど、熱源のそばに置かないでください。高温になると溶けることがあります。

株式会社 **セイニチ** **生産日本社**

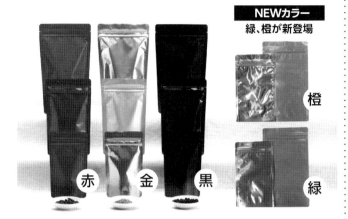

プラスチック袋

はたらく チャック袋たち
セイニチ グリップス®

NEWカラー
緑、橙が新登場

橙
緑

赤 金 黒

セイニチ製品は
安全・安心の
日本製
MADE IN JAPAN

ラミジップ® スタンドパック（ALカラースタンド）

お好みでどちらの面でも表面として使用可能！ **リバーシブルパウチ カラータイプ**

表面（つや） 裏面（マット）
グラデーション
あり※

※緑、橙にグラデーションはございません。

つやのある表面、上品なマットの裏面となっており、どちらも表面としてご使用頂けます。
脱酸素剤、乾燥材のご使用が可能です。
カラーは既存の赤、金、黒に加え、新色の緑、橙がございます。

 防湿性 ガス O₂ バリア性 遮光性 脱酸素剤 使用可 PE,M,PET 容器包装 識別マーク

アルミカラースタンドタイプ（赤・金・黒）用途例

	農産加工品		調味料
	粉末原料、お茶、紅茶、コーヒー、ココア 等		粉末調味料 等
	菓子類		健康食品
	米菓子（煎餅・あられ）、ナッツ類、クッキー		サプリメント 等

品番	チャック上＋チャック下×袋巾（ガゼット巾）	構成	1ケース入数（枚）	1袋
AL-1013(R・GD・BK)	32mm+130mm×100mm(30mm)※	PET12/AL7/SPE20/PE60	2,000	50枚
AL-1216(R・GD・BK・OR・GR)	32mm+160mm×120mm(35mm)※	PET12/AL7/SPE20/PE60	1,200	50枚
AL-1420(R・GD・BK・OR・GR)	32mm+200mm×140mm(41mm)	PET12/AL7/SPE20/PE60	1,000	50枚

※AL-1013及び1216は他のALシリーズ品番10及び12とはサイズが異なります。

ラミジップ® 片面透明バリアタイプ

チャック付きスタンドタイプなので **ディスプレイ効果抜群！**

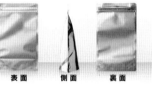

表面 側面 裏面

表面透明/裏面アルミ蒸着により独特なディスプレイ効果を演出いたします。
表面の透明フィルムには「透明蒸着PET」を採用しバリア性を保持。

 防湿性 ガス O₂ バリア性 脱酸素剤 使用可 容器包装 識別マーク PE,M,PET

片面透明バリアタイプ用途例

	畜産加工品		日用雑貨品
	ジャーキー 等		日用品雑貨 等
	農産加工品		菓子類
	ドライフルーツ、珍味 等		ナッツ類、クッキー、飴 等

品番	チャック上＋チャック下×袋巾（ガゼット巾）	構成	1ケース入数（枚）	1袋
VCZ-12	32mm+180mm×120mm(35)	表：透明蒸着PET12/PE60 裏・底：透明蒸着PET12/アルミ蒸着PET12/PE60	1,500	50枚
VCZ-14	32mm+200mm×140mm(41)		1,300	50枚
VCZ-16	32mm+230mm×160mm(47)		1,000	50枚

ラベルデザインデータご入稿で **製造メーカーだからできる！〈コストダウン〉＋〈納期短縮〉少量での製品化をサポート**

貴社オリジナルラベルをオンデマンド印刷＋貼付して出荷！

●オンデマンドシール印刷＋自動貼りで、チャック袋規格品にラベル貼付した製品を出荷します。
●規格品のケース単位でラベルを貼った状態での納品だから少量でも製品化が可能です。
●規格袋と同じ工場で生産するため、安心・安全な作業環境です。

| 対象製品 | ラミジップ・ラミグリップシリーズ | 出荷単位 | 1ケース単位（1ケース以上は100枚単位出荷対応） | ラベルサイズ | 縦40〜360mm 横40〜250mm | ※詳しくはお近くの営業所までお問い合わせください。 |

本 社 03-3263-6541（代）
〒102-8528 東京都千代田区麹町3-2 ヒューリック麹町ビル

東京支店 03-3263-6542（直）
福岡支店 092-431-6084（代）
仙台営業所 022-208-7555（代）
名古屋営業所 052-856-8491（代）
広島営業所 082-242-6524（代）
岡山営業所 086-226-0515（代）

大阪支店 06-6534-1271（代）
前橋営業所 027-221-5571（代）
金沢営業所 076-222-0198（代）
浜松営業所 053-472-6334（代）
高松営業所 087-822-5116（代）
生産本部 浜松・浜北・都田工場

生産日本社 検索
http://www.seinichi.co.jp/
気になるチャック袋の最新情報は"生産日本社"で検索
また、右記の"QRコード"からも最新情報を検索できます。

89

90

91

鮮度保持はもちろん、透明感あふれる高品質。
バリエーションも豊富。

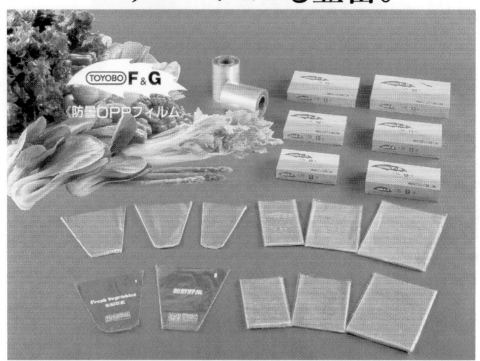

■無地規格表

規　格	フィルム厚	巾×長さ	梱包数	用　途
8	＃20・＃25	150mm×250mm	10,000枚	ピーマン
9	〃	150mm×300mm	〃	きゅうり
10	〃	180mm×270mm	〃	春菊
11	〃	200mm×300mm	8,000枚	ナス
12	〃	230mm×340mm	6,000枚	果物など
13	〃	260mm×380mm	4,000枚	
三角袋(特大)	＃20	280mm×360mm×150mm	8,000枚	葉菜類（ほうれん草）
〃　（大）	〃	280mm×300mm×120mm	〃	〃
〃　（中）	〃	250mm×300mm× 90mm	〃	〃

●他に在庫もありますのでお問い合せ下さい。　●生鮮野菜、青果物、水産練製品、畜肉加工製品、冷凍食品、パン類、惣菜類などの食品
●特注品、印刷品については、別途お見積りします。　●文具、書籍など

■形状とサイズ

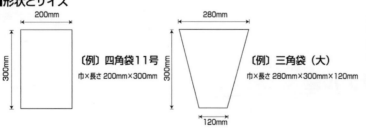

穴あけ加工について
●4穴
●コーナーカット
●センターシール

〔例〕四角袋11号　巾×長さ 200mm×300mm

〔例〕三角袋（大）　巾×長さ 280mm×300mm×120mm

石本マオラン株式会社
URL：http://www.maolan.co.jp

本　社　〒110-0016　東京都台東区台東1丁目36番3号　TEL.03-3833-7791
大阪営業所　〒541-0054　大阪市中央区南本町4-5-7　東亜ビル8F　TEL.06-6245-6881
名古屋営業所　〒450-0002　名古屋市中村区名駅3-11-22　IT名駅ビル　TEL.052-561-0611
渥美工場　〒441-3609　愛知県田原市長沢町稲葉1番地2　TEL.0531-33-0001

JQA-QM8572　ISO 9001:2000　JQA-EM4957 ISO 14001 渥美工場

リュウグウにしかない夢のポリエチレン袋

超ポリ

未来の
ために、
いま選ぼう。

地球環境を考えて作った
ポリエチレン袋　『超ポリ』

100μを半分の 50μ で同強度を実現

石化原料を大幅に削減出来ます。

Co2を増加させない

★ 植物由来の原料を使用して

さらに環境にやさしい

『超ポリバイオ』 が完成しました。

バイオマスポリエチレンの原料に使用される植物等の再生可能資源は、大気中の炭酸ガスを吸収した結果
蓄えられたものなので、使用後燃焼等による二酸化炭素に戻っても、温室効果ガス濃度を上昇させる要因
にはなりません。よって、CO2等の温室効果ガスの量と、吸収される温室効果ガスの量が同じであるという
カーボンニュートラル商品です。

使用例
- ・粉・スパイスを混合しコンテナ内袋に使用
- ・漬物・味噌の配送袋
- ・工場半製品の移動袋

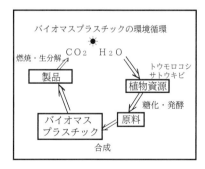

バイオマスプラスチックの環境循環

CO_2　H_2O

燃焼・生分解

製品

トウモロコシ
サトウキビ

植物資源

糖化・発酵

バイオマス
プラスチック

原料

合成

"包む"という文化を通して、私たちは未来をみつめます。

RYUGU リュウグウ株式会社

〒799-0496　愛媛県四国中央市三島宮川4-9-64
TEL：0896-24-3340(代)　e-mail：ryugu@ryugukk.co.jp
URL：http://www.ryugukk.co.jp

エッジスタンド®

スカートのような袋底面部にヒダが台座としての役割を果たし自立性を高めるという全く新しい構造のスタンドパウチです。

●フィルム構成
　PET//LLPE
●用途
　洋菓子、和菓子、キャンディ、ドリップコーヒー、粉末スープ等の集積包装
●特性
　※美しくすき間なく陳列できアイキャッチ性に優れる。
　※売場スペースを有効に活用できます。
　※紙箱、プラスチック容器、金属缶などに比べ軽量また、環境にやさしい。

スカート部

エッジスタンド
スカート付自立袋

**スタンディングパウチ
底ガゼットタイプ**

グッドデザイン賞
受賞商品

GOOD DESIGN

「エッジスタンド®」は
グッドデザイン賞を
受賞いたしました。

形　式	商品コード	サイズ	入り数
エッジスタンド	ES110200	(巾)110+(奥行)G65×(高さ)200	2,000
エッジスタンド	ES095190	(巾)95+(奥行)G60×(高さ)190	2,400
エッジスタンド	ES085170	(巾)85+(奥行)G55×(高さ)170	2,600

**電子レンジ加熱用
パッケージ**

密封包装だから
安心・安全

そのまま
電子レンジへ

せいろパック
自動開孔システム付袋

※イラストはピロー包装タイプです。

せいろパック®

積層フィルムの伸度差を利用し、内圧により穴が開く画期的な自動開孔システムを備え、小さな蒸気孔のため大きな蒸し効果を発揮する「電子レンジ加熱用パッケージ」です。

●フィルム構成
　NY//LLPE
●用途
　ハンバーグ、スパゲッティ、肉まん、温野菜、煮魚、弁当、各種惣菜
　※レトルト殺菌、ボイル殺菌には適しません。
●特性
　※上面に蒸気孔ができるため、ふきこぼれしにくい構造です。
　※小さな蒸気孔のため、大きな蒸らし効果を発揮します。
　※シール部分は通常の全面シールのため加熱後もシール部からの液もれはありません。

形　式	商品コード	サイズ	入り数
せいろパック	SP200300	(巾)200×(高さ)300	2,000
せいろパック	SP170250	(巾)170×(高さ)250	3,000
せいろパック	SP150200	(巾)150×(高さ)200	4,000

株式会社 彫刻プラスト

【本社】
〒572-0075
大阪府寝屋川市葛原2-1-3
TEL. 072-829-3741（代）　FAX. 072-829-3770

【東京支社】
〒102-0073
東京都千代田区九段北1丁目3番5号　ユニゾ九段北一丁目ビル10F
TEL. 03-3234-6401（代）　FAX. 03-3234-5882

http://www.chokokuplast.co.jp

"プリンティング"の可能性を求めて

一貫生産体制により新しい印刷技術の可能性を求めて
チャレンジを続けていくとともに同時にトータル加工
技術を追求し、お客様第一主義を徹底しより
親しみやすい企業を目指して努力してまいります。
軟包装衛生協議会　認定工場228号

芳生グラビア印刷株式会社

〒679-0104　加西市常吉町字東畑922番地の192（加西東産業団地内）
TEL（0790）47-8550　FAX（0790）47-8566

変形袋のスペシャリスト

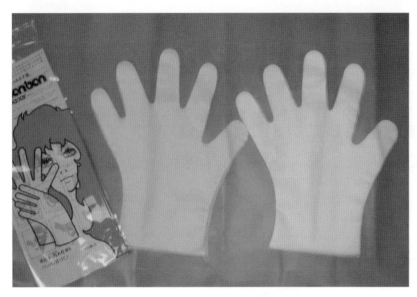

水仕事に必須の手袋

変形溶断シール及び
幅広変形シールなど
いろいろなシールが可能

ホイップ（絞り）袋

応援グッズ、販促品

ホームページ立ち上げました。ご覧下さい。
▶ http://www.mood-shoji.co.jp/

変型ヒートシール加工

Mood ムード商事株式会社

本社 〒639-2102 奈良県葛城市東宝254番地
TEL.（0745）69-7844（代）　FAX.（0745）69-7838
E-mail:mood@zeus.eonet.ne.jp

お客様の多様なニーズにお応えするために、パッケージ製品の企画・製造はもちろんのこと、販売促進ツールとしての商品のご提案から、最適な包装形態を考えたラッピングサービス、さらには発送までのセット販売を中核として、パッケージサービスの一気通貫メーカーを目指してまいります。

● 東海、北陸地方のお客様に対する一層のサービス強化のため、名古屋営業所を名古屋支店としました。

● 新工場「大阪第2センター」を2011年7月に竣工しました。同工場は化粧品、医薬部外品製造許可を受けております。

大阪第2センター

株式会社 ショーエイ コーポレーション

〒541-0051 大阪市中央区備後町 2-1-1 第二野村ビル7F
【本社】TEL.06-6233-2636　【営業】TEL.06-6233-2666

URL https://www.shoei-corp.co.jp/

透明ポリ大型角底袋
パレットカバー

保管・輸送の場であらゆる荷物を雨や埃から守る透明ポリ袋のカバー

規格即納品[30,000円] (厚さ0.05mm)

箱　名	縦 × 横 × 深 (mm)	枚　数
M−1	800× 800× 900	98
M−2	800× 800×1400	70
M−3	800×1000× 900	92
M−4	800×1000×1400	68
M−5	800×1300× 900	82
M−6	800×1300×1400	60
M−7	800×1600× 900	72
M−8	800×1600×1400	52
M−9	800×1900× 900	64
M−10	800×1900×1400	46
M−11	1000×1000× 800	86
M−12	1000×1000×1300	64
M−13	1000×1300× 800	76
M−14	1000×1300×1300	56
M−15	1000×1600× 800	66
M−16	1000×1600×1300	48
M−17	1000×1900× 800	60
M−18	1000×1900×1300	44
M−19	1000×2500× 800	50
M−20	1000×2500×1300	36
M−21	1200×1300× 900	60
M−22	1200×1300×1400	46
M−23	1200×1600× 900	54
M−24	1200×1600×1400	40
M−25	1200×1900× 900	46
M−26	1200×1900×1400	36
M−27	1200×2500× 900	40
M−28	1200×2500×1400	30
M−29	1200×3000× 900	36
M−30	1200×3000×1400	26
M−31	1150×1150× 900	72
M−32	1150×1250× 900	66
M−33	1150×1450× 900	60
M−34	1150×1150×1400	50
M−35	1150×1250×1400	46
M−36	1150×1450×1400	42

ポリエチレン角底袋の加工度の高い製品のため、弊社では自社開発で大型の角底袋の自動化システムを完成しており①高品質高品位な仕上げ ②量産体制 ③迅速かつ計画的な受注生産 ④多様な要望への対応にお応えできます。

独自製法による大型角底袋は材料となるフィルムチューブをそのまま折り込みからシールまで1ラインで製造する為、とてもクリーン。しかもシールが側面2面にY字型の焼き切りシールが入るだけなので、フィルムそのものの強度を生かしきることが出来るため、通常の手加工（天のせタイプ）による製造品より強度にすぐれ安定した製品を提供することが出来ます。

特許製法・製造販売元

株式会社　ヤトー　〒224-0024
横浜市都筑区東山田町86番地
045-592-7611(代表)
045-593-3031(FAX)

未来をフレキシブルに包む

99

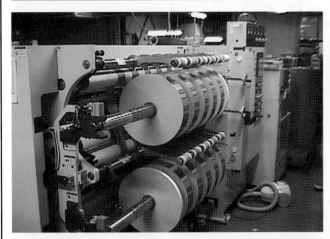

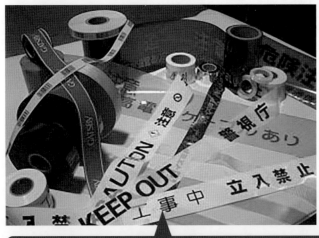

ヤマガタグラビヤのオリジナルマシーンは、包装工程の合理化・管理強化のこれからをみつめています!

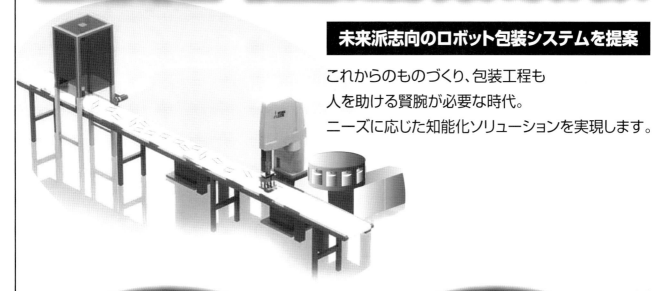

未来派志向のロボット包装システムを提案

これからのものづくり、包装工程も
人を助ける賢腕が必要な時代。
ニーズに応じた知能化ソリューションを実現します。

YZ-100型自動包装機 PAT.

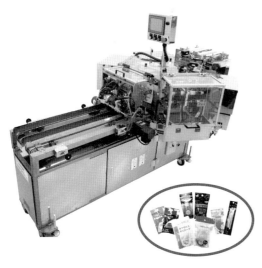

バージンシール機 PAT.

■**セリースパック**®（ヘッダー吊下げパック）の自動包装化にベストマッチ
■給袋包装機では、コンパクトで高速タイプ ※（50〜70パック／分）
■化粧品、医薬品、医薬部外品、日用雑貨など幅広い分野で実績豊富
※機械能力は、内容商品とパッケージサイズにより変化します

■改ざん防止、品質保持、初期使用感、高級感の問題を一括解決
■新しい打抜き・位置合わせ機構の採用で、容器口径と蓋材が同寸法でもヒートシールOK
■ニーズに合わせたシステムカスタマイズも可能
※アルミ箔ラミネートフィルムは、当社営業マンにご相談ください

 株式会社ヤマガタグラビヤ

本 社 工 場	〒581-0038 大阪府八尾市若林町2-99	TEL 072-949-9456	FAX 072-949-9792
東京営業所	〒111-0034 東京都台東区雷門2-4-9 明祐ビル4階	TEL 03-3841-8451	FAX 03-5246-7135
木更津営業所	〒292-0036 千葉県木更津市菅生878-1	TEL 0438-30-9777	FAX 0438-98-6777
四国営業所	〒769-0301 香川県仲多度郡まんのう町佐文779-6	TEL 0877-56-4078	FAX 0877-75-0990

URL http://www.yamagata-group.co.jp/　　E-mail:info@yamagata-group.co.jp

日新シール工業株式会社

〒587-0042 大阪府堺市美原区木材通4丁目2番11号
TEL 072（362）5593　FAX 072（362）6514

軟包装衛生協議会
認定工場取得

鮮度保持機器／材（剤）
脱酸素剤
乾燥剤
抗菌包材
HACCP関連
検査キット
検査装置
異物混入防止対策関連

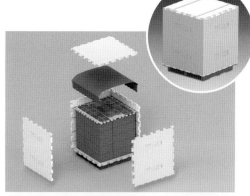

セルペット® 食品容器

発泡PET樹脂製で220℃の耐熱性があります。

Flying Box Model-X / 飛び箱-X

生鮮品空輸用の保冷モジュールBOXです。

※「飛び箱」は、日本通運(株)様の登録商標です。

抗菌・日持ち向上シート
ワサパワー®
ワサビの辛みと同等成分が抗菌効果を発揮します。

カプセルに閉じこめられた有効成分であるカラシ抽出物が、水分と結びつくことにより放散され食品の表面に対して抗菌効果を発揮します。

SEKISUI

仕出し折詰め

懐石料理

弁当

惣菜

ご使用方法

「ワサパワー」の印刷面を上にして食品の上にのせ、すぐにふたをして下さい。容器はなるべく密閉できるものの方がより効果的です。容器内成分濃度は、容積や密閉性により異なります。目安容量は以下の通りです。
- ○110×170mm（1000cc） ○160×160mm（1500cc）
- ○160×210mm（2000cc） ○200×300mm（3500cc）

保管及び取扱上のご注意

- ●直射日光を避け、なるべく湿気の少ない涼しいところに保管して下さい。
- ●一旦、外袋（チャックポリ袋）を開封した後は、なるべくお早めにご使用下さい。
- ●品質を保持するために、ご使用後は必ず外袋のチャック部を締めて下さい。
- ●他の容器等に入れ換えて保存しないで下さい。

シートサイズ	梱包入り数	シートサイズ	梱包入り数
110×170mm	4,000枚	300×300mm	2,000枚
160×160mm	4,000枚	290×360mm	2,000枚
160×210mm	2,000枚	350×350mm	2,000枚
200×200mm	2,000枚	390×390mm	2,000枚
200×300mm	2,000枚	四季165×165mm	4,000枚
230×230mm	2,000枚		

季節に合わせて使えるシートもご用意しております。お問い合わせ下さい。

■シート断面 印刷面
プラスチックフィルム
抗菌成分 水分 抗菌成分 水分 抗菌成分
ワサパワー 成分（カラシ抽出物）塗布〔サイクロデキストリン包接品〕
●食品添加物のカラシ抽出物を使用しています。

商品に対するお問い合わせは　食を彩る　TSUBOI 株式会社ツボイ

本　　社　奈良県五條市上野町４３０番地　TEL（0747）23-2345 FAX（0747）25-0120
九州支店　福岡市博多区金の隈３丁目１２番３３号　TEL（092）503-6121 FAX（092）503-4401
東京営業所　東京都千代田区神田鍛冶町３丁目５番地　大橋ビル１F　TEL（03）5207-5430 FAX（03）5207-5431

当社の食品工場用製品はハラル認証をうけております。世界各国で安心してお使いいただけます。

サン・マリンから新しいニュース！！！

素早い生分解性と、毒性の無い潤滑油にのみ許される名称、「バイオルーブ」です。

今までの潤滑油と区別するために「エコラベル」が考案され、最も有力な「欧州エコラベル」（European Eco-Label）をトタル社は採用しています。

右の「ひなげし」のシンボルマークをご覧下さい。

このラベルは、厳格な低環境負荷基準を満たした製品にのみ使用が許されます。

それは、製品の性能の保証と、今迄の生分解性油とは、違った製品であることを区別するシンボルでもあるのです。

河川の水質保全に、沿岸漁業、水門、水力発電、船舶、等々。

自然環境に配慮、農業（農機具）、林業機器、土木機械。

食品製造に配慮、食品加工機械、排水管理、環境保全。

今までの製品に加えてバイオルーブが加わりました。

いわば 安心・安全 が凝縮された製品です。

NEVASTANE® オイル(H1/Kosher/Halal)

SHシリーズ：100%合成油
XSHシリーズ：100%合成油
EPシリーズ：白色鉱物油+合成油
AWシリーズ：白色鉱物油

NEVASTANE® グリース(H1/Kosher/Halal)

XSシリーズ：100%合成油グリース
XMFシリーズ：多目的極圧性グリース
HD2T　　：多目的粘着性グリース

*詳細については直接お問い合わせ下さい。

食品飲料工場用ですが、バイオルーブの加入で更に環境に配慮した企業におすすめ致します。

当社のホームページには楽しさが一杯つまっています。
来て、見て、読んでお問い合せをお待ちしています。

http://www.sunmari.com

NEVASTANE® は、日本ではトタルL.J.㈱により輸入されています。
NEVASTANE® は、Totalグループの登録商標です。

Sun Marine Diesel Co.,Ltd. サン・マリンディーゼル㈱

〒145-0064　東京都大田区上池台5丁目33番4号　TEL：03-3728-6635　FAX：03-3728-6636

meiji

産学連携事業：福山職業能力開発短期大学校（ポリテクカレッジ福山）共同開発商品

異物混入・衛生管理

Eco & CostDown
Clean & Safety

新発売

超軽量・コンパクト・使いやすい流量調整
ジョイントバリエーション・簡単なメンテナンス

洗浄ガン SEN3

様々な製造現場で、多くの女性作業者が、機器を細かく、丁寧に洗うためのステンレス製の洗浄ガンスプレー。サイズを小さくするだけでなく、洗うスプレー自体も清潔にメンテナンスを保つため、全部品が容易に分解可能で、その方法も極めてシンプルかつ合理的である。素材、形状、構造に至るまで、とにかく、徹底的にどこまでもきれいに、丁寧な作業のために使いやすくという工夫が各所に込められていると評価をされています。

SEN3-4FWK

オールステンレス
錆びにくいオールステンレス構造、食品衛生法適合材を使用。

超軽量・小型化
従来機比（SEN2-4W）53％（170g）の軽量化（SEN3-4W）をはかり女性の手にもマッチする小型化を実現。

異物混入防止
樹脂製とは違い破損しにくく、万一破損しても金属探知機で除去可能。

SEN3-4WK

大流量化
従来機比で50％の流量増加によりホースと同等の噴出量にも対応。

用 途

▶ 食品・薬品・化粧品製造工場の洗浄
▶ 耐薬品性を必要とした液体の塗布

SEN3-4W

株式会社 明治機械製作所

本　社　〒532-0027　大阪市淀川区田川2丁目3番14号
URL https://www.meijiair.co.jp

東 京	03(3642)0701	大 阪	06(6309)8151
仙 台	022(205)0581	岡 山	086(279)2853
名古屋	052(896)1921	広 島	082(832)2258
金 沢	076(238)6201	福 岡	092(587)1247

脱酸素剤

TAMOTSU ®
VX・D

脱酸素剤 タモツ ®

Tamotsu is the most effective oxygen absorbent of organic type.

タモツは、水分活性の低い乾燥食品から水分の多い食品まで広い範囲で使用できる有機系脱酸素剤です。
金属検知機に対応しており鉄分を含みません。長期間の保存にも優れた効果を発揮します。

■ 性能

タモツは、植物の酸化機構、特にカテキン類の酸化により褐変する現象をヒントに開発された脱酸素剤です。

改質活性炭上で酸素を吸収し、ムコン酸を生成させる反応を利用した有機系脱酸素剤で、極めて高い酸素吸収能を持ちます。活性炭の特殊な性質により、所定の酸素を吸収した後も持続的に酸素を吸収しますので、長期保存に適しています。また、鉄分を含まないため、金属検知機との併用が可能です。酸素によって引き起こされるカビの発生、害虫の増殖、油脂の酸化、変色、栄養成分の損失など、食品の変質や劣化を防止します。

タモツにはVXタイプとDタイプがあり酸素吸収速度が異なります。
VXタイプは水分活性の高い食品用途、Dタイプは海苔などの乾燥剤と併用
する水分活性の低い食品用途に優れた効果を発揮します。

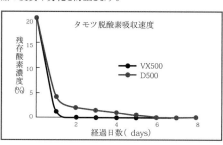

タモツ脱酸素吸収速度

タモツの特徴	
・タモツは自力反応型です	・金属検知機の使用が可能です
・香りの保持に効果的です	・持続力があり、長期保存に適します
・乾燥剤と併用できます	・使用後は焼却することができます

■ 規格

VXタイプ

品　種	空気量 (cc)	酸素量 (cc)	標準寸法 (mm)	分　包 (個×袋)	入　数 (個)
VX 100	100	20	47×35	250×20	5000
VX 200	200	40	60×35	250×14	3500
VX 300	300	60	60×45	200×13	2600
VX 500	500	100	60×55	150×12	1800
VX1000	1000	200	73×65	100×10	1000
VX1500	1500	300	73×75	100× 8	800

Dタイプ

品　種	空気量	酸素量	標準寸法	分　包	入　数
D 100	100	20	47×35	250×20	5000
D 200	200	40	60×35	250×14	3500
D 300	300	60	60×45	200×13	2600
D 500	500	100	60×55	150×12	1800
D1000	1000	200	73×65	100×10	1000
D1500	1500	300	73×75	100× 8	800

●耐水耐油包材を使用し、あらゆる食品に適します。

●冷蔵、冷凍するようなチルド食品に使用できます。

●対象水分活性：0.3〜0.98

●乾海苔、干しいたけ、花かつお等乾燥剤と併用するような低水分食品に適します。

●おだやかで、持続力のある作用が継続します。

●対象水分活性：0〜0.7

空気容量に応じて、100cc〜10Lまで各品種を取り揃えており、単切品、自動投入機用の連続品などがあります。

■ ご注意

・開封後の有効時間は1時間となります。タモツを使用する場合は、酸素透過度20cc/㎡/24hr/atm 以下の素材で包装してください。

・わずかな空気の漏れや、包材のピンホールは、カビ発生等の諸問題を起こします。事前に製造ラインでの実装テストを行い、その効果を確認してください。

・電子レンジに入れると発熱・発火する可能性があります。食品容器に「電子レンジへ入れる前に脱酸素剤を取り出す。」と明記してください。

・タモツはカビ防止に効果がありますが、無酸素下で増殖する酵母、通性嫌気性菌、偏性嫌気性菌には効果がありません。
　これらの菌が繁殖しがちな高水分食品にご使用になる場合は、他の方法との併用をご考慮ください。

・タモツ使用にあたっては、外包材の印刷が耐熱性向上型インキ（キレートインキ）の場合、印刷色が変色する可能性があります。

・水分活性0.9以上の食品、水分25%以上の食品(例：餅、かまぼこ、ハム等)に使用される場合は、弊社担当者までご連絡ください。

品質保持を科学する

大江化学工業株式会社

本　　　　社　〒533-0014　大阪市東淀川区豊新2-2-15　TEL.06-6329-6651　FAX.06-6321-2252
埼玉営業所　〒330-8669　さいたま市大宮区桜木町1-7-5 ソニックシティビル12F　TEL.048-658-1401　FAX.048-658-1402
工　　　　場　岐阜(不破郡)　福岡(柳川市)　鹿児島(鹿屋市)
海外合弁事業所　●中華民国(台湾)/台江化学工業股份有限公司　●中華人民共和国/南通大江化学有限公司

URL http://www.ohe-chem.co.jp

110

シリカゲル

シリカゲルは、硅酸のコロイド溶液を凝固させてできる中〜酸性の合成乾燥剤です。内部に20Å程度の微細孔を持ち、水蒸気を物理的に吸着します。当社の湿度インジケータには、塩化コバルトは使用していません。

主な用途：菓子・医薬品・健康食品・金属部品・機械梱包

ケアドライ®

安全性の高いクレイ(粘土)系の、水蒸気を物理的に吸着する乾燥剤です。シリカゲルや他の粘土系乾燥剤と比べ、低湿度領域で非常に大きな吸湿容量を示します。原料は、米国FDAのGRAS(一般に安全と認められる物質)に適合しています。

主な用途：金属部品・機械梱包

ライム®

酸化カルシウム（生石灰）を主成分とし、化学的に水分を吸着する乾燥剤です。外気湿度の高低にかかわらず、自重の30％の吸着能力を示します。

主な用途：海苔・乾物・菓子・FD食品

サンソカット

鉄粉の酸化反応により、包装内の酸素を完全に吸収し、食品の賞味期限を大幅に伸ばします。用途に応じ種々のタイプがあります。

主な用途：和菓子・洋菓子・珍味・生麺・味噌

セキュール

鉄粉の酸化反応により、包装内の酸素を完全に吸収し、食品の賞味期限を大幅に伸ばします。用途に応じ種々のタイプがあります。

主な用途：和菓子・洋菓子・珍味・生麺・味噌

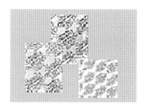

品質保持を科学する

大江化学工業株式会社

本　　　社　〒533-0014　大阪市東淀川区豊新2-2-15　TEL.06-6329-6651　FAX.06-6321-2252
埼玉営業所　〒330-8669　さいたま市大宮区桜木町1-7-5 ソニックシティビル12F　TEL.048-658-1401　FAX.048-658-1402
工　　　場　岐阜(不破郡)　福岡(柳川市)　鹿児島(鹿屋市)
海外合弁事業所　●中華民国(台湾)/台江化学工業股份有限公司　●中華人民共和国/南通大江化学有限公司

URL http://www.ohe-chem.co.jp

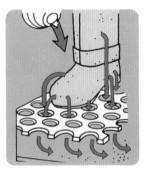
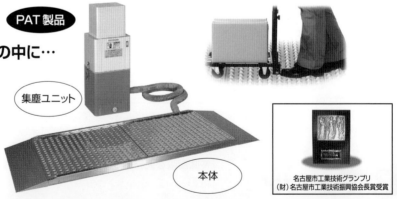

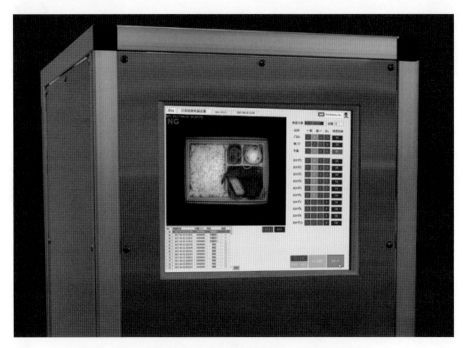

114

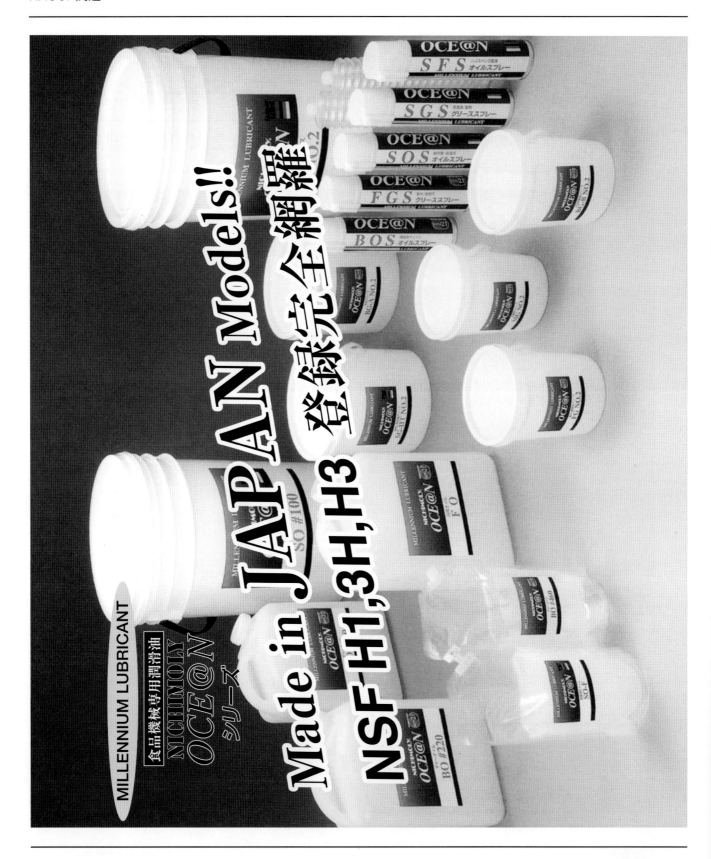

抗菌防護エプロン

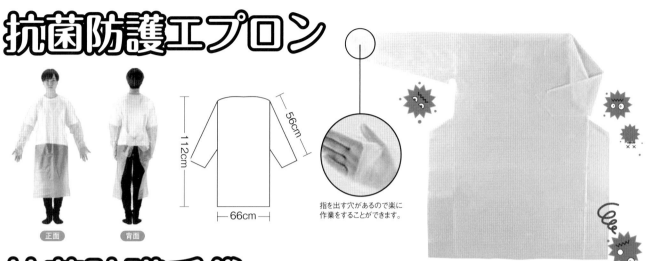

正面 背面

56cm
112cm
66cm

指を出す穴があるので楽に作業をすることができます。

抗菌防護手袋

ネオプラ® 抗菌シリーズ

米ぬか抗菌

米ぬかに含まれる抗菌成分により、大腸菌、黄色ブドウ球菌等に対する強い抗菌効果があります。

※練り込まれた米ぬかにより特有の香ばしいにおいや、表面に黒茶色の点・多少の凹凸が生じますが不良ではありません。

※米ぬかは天然素材のため、製造ロットごとに素材の色が多少異なる場合があります。

この袋捨てるなんて勿体無い！

抗酸化 抗菌 消臭

主婦のミ・カ・タ

米ぬかエコバッグ

米ぬかのチカラで野菜や果物を守る！

米ぬかに多く含まれる＜フェルラ酸＞が大腸菌・黄色ブドウ菌・O157菌などに対して強い抗菌作用が認められました。野菜や果物をそのまま袋に入れて袋内部の空気を抜き、折り返してご使用ください。必ず冷蔵庫に入れて保存してください。

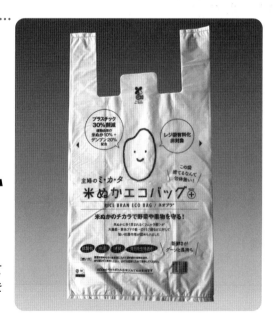

ポリエチレン・企画・製造・多色グラビア印刷

 丸真化学工業株式会社

〒668-0851　兵庫県豊岡市今森 570　TEL.0796-23-5105　FAX.0796-23-7828
URL http://www.marushinkagaku.co.jp

防虫フィルタ

防虫対策
してますか!?

自社独自の自動洗浄付フィルタを採用!

飛行虫90%以上減少!

更に高性能フィルタ、

蒸気ヒーター等のオプション多数。

今までに無かった大風量型ユニット

（300〜800㎥/min）

PURETEC

日本ピュアテック 株式会社　本社 技術営業部

〒460-0003 名古屋市中区錦2-4-15　ORE錦二丁目ビル3階

TEL〈052〉218-8512　FAX〈052〉218-8521　https://www.puretec.co.jp/

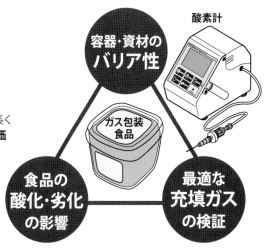

ネット

DIANET
アルファ ダイヤネット

強度・柔軟性・通気性・耐寒性に富み、鮮度保持に優れた包装資材です。
規格品は、ワンケースからのご注文で無駄の無いコストパフォーマンスを実現。
自由自在なカラーレパートリーで、商品のオリジナリティを高めます。
細やかなサイズ調節によって、商品に優しくフィット。
無駄の無いフォルムが、商品を美しくアピール。

ラベル付ネット

品番	目数	折径（cm）	カット寸法（cm）	梱包数量（本）	用途
DH	80	23〜28	30〜60	5000	玉ねぎ 柑橘類

トップラベル付ネット

品番	目数	折径（cm）	カット寸法（cm）	梱包数量（本）	用途
ST	80	18〜30	45〜60	5000	玉ねぎ にんにく
ST	120	30〜35	45〜60	5000	玉ねぎ

リールタイプネット

品番	目数	折径（cm）	カット寸法（cm）	梱包数量（本）	用途
SH	80	18〜30	45	5000	柑橘類 さといも 玉ねぎ にんにく 玉子
SH	100	23	50	5000	にんにく
SL	36	20〜35	35	7000	貝類 雑貨品
60	60	33〜65	50	3500	貝類 雑貨品
18	18	11〜20	35	10000	雑貨品 防臭剤 マンゴー

 株式会社 キタイ製作所

本社工場
〒538-0041　大阪市鶴見区今津北4丁目8-5
TEL.06-6968-2921〜5　FAX.06-6968-2926
東京営業所
〒130-0005　東京都墨田区東駒形2丁目13番10号 ルミエール逆井101号
TEL.03-5608-5471　FAX.03-5608-5473

ISO9001,ISO14001 認証取得

URL http://www.kitai-mfg.co.jp

ラッピング

mini mini スライダーポーチ

特許を取得したオリジナルスライダーを装着した
小型の多目的収納ポーチです。

グラビア印刷の色彩と薄膜フィルムにスライダーがドッキング！
そのまま「小分け袋」は勿論、外装袋やスターターキット用に便利！

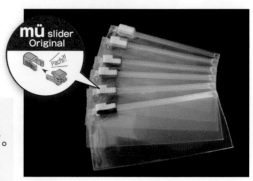

特長	
▶	スライダーはチャックの開閉が簡単便利です。
▶	スライダーはカラフルな色で、ツートンカラーも可能です。
▶	縦開きも可能です。

mü Slider ミュースライダー

特許取得品

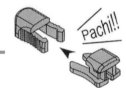

世界初！ ツートンカラーのスライダー

一般に広く使用されている一対型の発想を払拭し、
分離型として開発いたしました。（二つのパーツを
嵌合させて一つのスライダーにします。）

ツーパーツだから…
カラーの組み合わせによって、愛らしさが芽生え、
売り場での訴求効果が期待されます。

オリジナルカラーのスライダーポーチも10,000袋から承ります。

株式会社 ミューパック・オザキ

müpack

〒581-0042　大阪府八尾市南木の本5丁目2番地
TEL.072-991-1505　FAX.072-993-9946

ミューパック・オザキ	検索

エッジスタンド ®

スカートのような袋底面部にヒダが台座としての役割を果たし自立性を高めるという全く新しい構造のスタンドパウチです。

- ●フィルム構成
  PET//LLPE
- ●用途
  洋菓子、和菓子、キャンディ、ドリップコーヒー、粉末スープ等の集積包装
- ●特性
  ※美しくすき間なく陳列できアイキャッチ性に優れる。
  ※売場スペースを有効に活用できます。
  ※紙箱、プラスチック容器、金属缶などに比べ軽量また、環境にやさしい。

スカート部

エッジスタンド
スカート付自立袋

スタンディングパウチ 底ガゼットタイプ

グッドデザイン賞受賞商品
GOOD DESIGN

「エッジスタンド®」はグッドデザイン賞を受賞いたしました。

形式	商品コード	サイズ	入り数
エッジスタンド	ES110200	(巾)110+(奥行)G65×(高さ)200	2,000
エッジスタンド	ES095190	(巾)95+(奥行)G60×(高さ)190	2,400
エッジスタンド	ES085170	(巾)85+(奥行)G55×(高さ)170	2,600

電子レンジ加熱用パッケージ

密封包装だから安心・安全
そのまま電子レンジへ

せいろパック
自動開孔システム付袋

※イラストはピロー包装タイプです。

せいろパック ®

積層フィルムの伸度差を利用し、内圧により穴が開く画期的な自動開孔システムを備え、小さな蒸気孔のため大きな蒸し効果を発揮する「電子レンジ加熱用パッケージ」です。

- ●フィルム構成
  NY//LLPE
- ●用途
  ハンバーグ、スパゲッティ、肉まん、温野菜、煮魚、弁当、各種惣菜
  ※レトルト殺菌、ボイル殺菌には適しません。
- ●特性
  ※上面に蒸気孔ができるため、ふきこぼれしにくい構造です。
  ※小さな蒸気孔のため、大きな蒸らし効果を発揮します。
  ※シール部分は通常の全面シールのため加熱後もシール部からの液もれはありません。

形式	商品コード	サイズ	入り数
せいろパック	SP200300	(巾)200×(高さ)300	2,000
せいろパック	SP170250	(巾)170×(高さ)250	3,000
せいろパック	SP150200	(巾)150×(高さ)200	4,000

株式会社 彫刻プラスト

【本社】
〒572-0075
大阪府寝屋川市葛原2-1-3
TEL. 072-829-3741(代)　FAX. 072-829-3770

【東京支社】
〒102-0073
東京都千代田区九段北1丁目3番5号　ユニゾ九段北一丁目ビル10F
TEL. 03-3234-6401(代)　FAX. 03-3234-5882

http://www.chokokuplast.co.jp

 提案・企画力 豊富な経験

 小ロットより対応

 ご予算に合わせた

 敏速に対応

販売ビジネスにはオリジナル性(儲かる仕組み)が大事!!

使い捨てのパッケージとまだ思っている人は、あなた自身の商品は
価格競争に巻き込まれてしまう。

7つの 儲かる仕組み オリジナルパッケージで 商品価値が更にパワーアップ!!

その1. 個性	パッケージに会社の個性を出すデザインを作ることで、御社の商品とすぐ分かる	
その2. ロゴ	パッケージにロゴを入れるとブランド力が付き、宣伝になる	
その3. URL	ホームページアドレスを入れることで、もっと御社の宣伝になる	
その4. 豪華	使い捨てのパッケージのイメージを捨て、豪華にすることで商品価値を上げることが出来る	
その5. 再生紙	再生紙を使うことで、社会的ミッションを提供することになる	
その6. こだわり	こだわったパッケージにすることで、商品もこだわったものに見せることができる	
その7. おまけ	パッケージにおまけを入れておく(手書きの文章でお礼を書いたしおりなど)	

「包むこと」の全てを提供します

♪sone 株式会社 曽根物産

本　　　社 〒651-2128 神戸市西区玉津町今津427-1　TEL (078)915−0070 FAX (078)915−0069
淡路営業所 〒656-0122 兵庫県南あわじ市広田広田1221-1　TEL (0799)44-3858 FAX (0799)44-3859
ホームページをリニューアルしました。 曽根物産 検索

兵庫県医薬部外品製造許可

化粧品製造許可、食品製造許可取得工場にて、あらゆる包装の外注を承ります。

大量生産から手作業まで、お客様の如何なるリクエストにもお応えします。

保 有 設 備

- 各種ブリスター包装機
- 横型シール機
- 各種ピロー包装機
- 液体充填包装機
- シュリンク包装機
- 計量充填機
- 異品種混入・印字検査用画像センサー　等

「エコ」で「コスパ」な合成紙を直輸入&在庫!

「石」からできた、台湾生まれの新コスパ「合成紙」
龍盟（ロンミン）製
ストーンペーパー

PPひかえめ、台湾生まれの高品質コスパ「合成紙」
南亜（ナンヤ）製
南亜　合成紙

「ストーンペーパー」輸入元・正規代理店
「南亜合成紙」輸入元・在庫販売店

 釜谷紙業株式会社

お問い合わせは **0120-532-270**

変形袋のスペシャリスト

水仕事に必須の手袋

変形溶断シール及び
幅広変形シールなど
いろいろなシールが可能

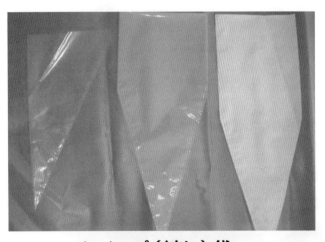

ホイップ（絞り）袋

応援グッズ、販促品

ホームページ立ち上げました。ご覧下さい。
▶http://www.mood-shoji.co.jp/

変型ヒートシール加工

ムード商事株式会社

本社　〒639-2102　奈良県葛城市東宝254番地
TEL.（0745）69-7844（代）　FAX.（0745）69-7838
E-mail:mood@zeus.eonet.ne.jp

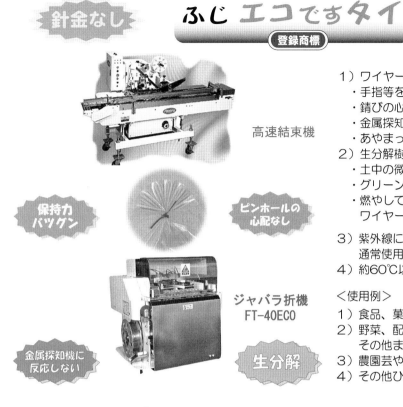

ふじ エコですタイ
登録商標

針金なし

針金なし

カラーバリエーション

1）ワイヤーを使っていませんので
　・手指等を傷つけず安全です
　・錆びの心配がありません
　・金属探知機にも反応しません
　・あやまって電子レンジで使用しても安
2）生分解樹脂（主原料ポリ乳酸）よりで
　・土中の微生物により分解されます
　・グリーン購入法にかなっています
　・燃やしても有毒ガスは発生しませんし
　　ワイヤーはありませんから残りません

3）紫外線による強度等の劣化がほとんど
　　通常使用では当初の性能を維持します
4）約60℃以上で加熱すると元の形に戻り

高速結束機

保持力
バツグン

ピンホールの
心配なし

ジャバラ折機
FT-40ECO

金属探知機に
反応しない

生分解

＜使用例＞
1）食品、菓子、その他袋物の袋口結束材
2）野菜、配線コード、おもちゃ部品、
　　その他まとめ用結束材として
3）農園芸や家庭菜園等に
4）その他ひねって使ういろいろな所に

結んでカーリング

新商品ご案内
デコレットリボン

お菓子＆お土産

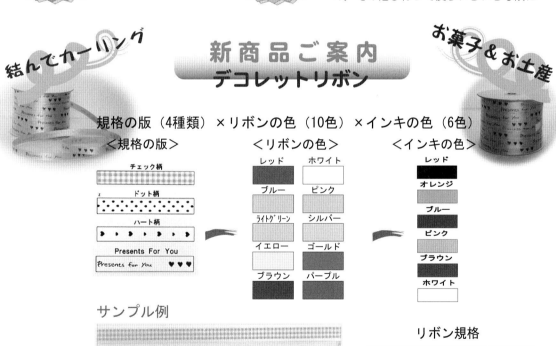

規格の版（4種類）×リボンの色（10色）×インキの色（6色）

＜規格の版＞

チェック柄
ドット柄
ハート柄
Presents For You
Presents for You ♥♥♥

＜リボンの色＞

レッド	ホワイト
ブルー	ピンク
ライトグリーン	シルバー
イエロー	ゴールド
ブラウン	パープル

＜インキの色＞

| レッド |
| オレンジ |
| ブルー |
| ピンク |
| ブラウン |
| ホワイト |

サンプル例

リボン規格

リボン幅	巻長さ	最小ロット
9mm	約100m	10巻

岡本化成株式会社

〒794-0804　愛媛県今治市祇園町3-4-15　TEL 0898-23-2300　FAX 0898-23-5337
http://www.okamoto-kasei.co.jp　E-mail:info@okamoto-kasei.co.jp

お客様の多様なニーズにお応えするために、パッケージ製品の企画・製造はもちろんのこと、販売促進ツールとしての商品のご提案から、最適な包装形態を考えたラッピングサービス、さらには発送までのセット販売を中核として、パッケージサービスの一気通貫メーカーを目指してまいります。

●東海、北陸地方のお客様に対する一層のサービス強化のため、名古屋営業所を名古屋支店としました。

●新工場「大阪第2センター」を2011年7月に竣工しました。同工場は化粧品、医薬部外品製造許可を受けております。

大阪第 2 センター

株式会社 ショーエイ コーポレーション

〒541-0051 大阪市中央区備後町 2-1-1 第二野村ビル7F
【本社】TEL.06-6233-2636　【営業】TEL.06-6233-2666

URL https://www.shoei-corp.co.jp/

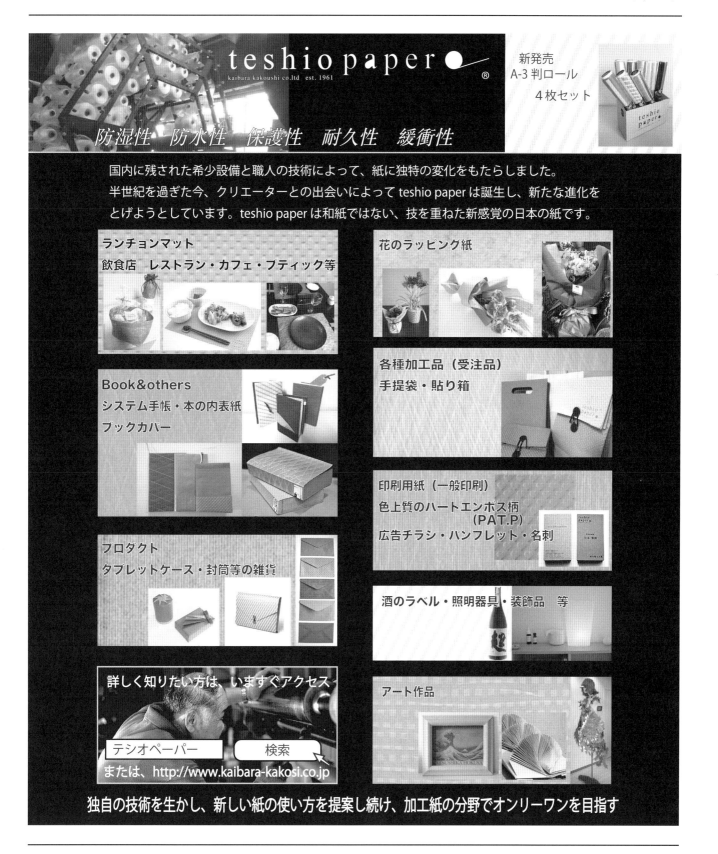

teshio paper ®
kaibara kakoushi co.ltd est. 1961

新発売
A-3 判ロール
4枚セット

防湿性　防水性　保護性　耐久性　緩衝性

国内に残された希少設備と職人の技術によって、紙に独特の変化をもたらしました。
半世紀を過ぎた今、クリエーターとの出会いによって teshio paper は誕生し、新たな進化を
とげようとしています。teshio paper は和紙ではない、技を重ねた新感覚の日本の紙です。

ランチョンマット
飲食店　レストラン・カフェ・ブティック等

花のラッピング紙

Book&others
システム手帳・本の内表紙
ブックカバー

各種加工品（受注品）
手提袋・貼り箱

プロダクト
タブレットケース・封筒等の雑貨

印刷用紙（一般印刷）
色上質のハートエンボス柄
（PAT.P）
広告チラシ・パンフレット・名刺

酒のラベル・照明器具・装飾品　等

詳しく知りたい方は、いますぐアクセス

テシオペーパー　　検索
または、http://www.kaibara-kakosi.co.jp

アート作品

独自の技術を生かし、新しい紙の使い方を提案し続け、加工紙の分野でオンリーワンを目指す

柏原加工紙株式会社

〒669-3309　兵庫県丹波市柏原町柏原１５６１
TEL : 0795-72-1137　　FAX : 0795-72-2726
E-mail : kakosi@gold.ocn.ne.jp

紙器
紙製包材

安心の国内自社工場で作られた熱プレス成形の紙製容器です!

 人と環境にやさしい **ナチュラルパルプ**®

循環資源である間伐材や植林木等を原料とした木材パルプを
100%使用。
成木を適度に伐採、若木を植林して管理された森林は二酸化
炭素 CO_2 をより多く吸収して成長していきます。
新しく開発した原紙のみを使用して、油分と水分を染み込み
にくくしたナチュラルパルプは環境負荷の低い紙製簡易食器
です。

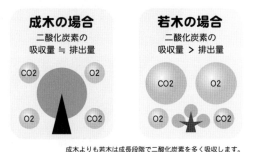

成木の場合 二酸化炭素の吸収量 ≒ 排出量

若木の場合 二酸化炭素の吸収量 > 排出量

成木よりも若木は成長段階で二酸化炭素を多く吸収します。
（イメージ）

ナチュラルパルプペーパープレート、ボウルは、サイズ、形状を豊富に揃えております。

縁がカールされた保形性に優れた耐熱性紙容器。
冷凍食品、チルド食品、お惣菜などの容器に最適です。

ペーパーフードコンテナー

カール部分

より衛生的な環境のクリーンルームを完備した
新しい工場棟を2014年10月に竣工しました。

熱を伝わりにくくした「断熱紙どんぶり」です。

DKD-550
断熱紙どんぶり 550ml

実用新案：第3180072

ひっくり返りにくいペット用の「ペーパーフードボウル」です。

PFB-210
ペーパーフードボウル 210ml

実用新案：第3177292

紙は、循環型のライフサイクルがあり、その過程において多くの二酸化炭素を吸収する、環境に
優しい優れた素材です。
弊社は独自に蓄積した技術 により、紙食器から深型紙容器まで幅広いニーズにお応えします。

P&W ペーパーウェア株式会社

本　　社　〒101-0025 東京都千代田区神田佐久間町3-21-2
　　　　　TEL 03(5833)5050　　FAX 03(5833)5170
千葉工場　〒270-0216 千葉県野田市西高野278
　　　　　TEL 04(7196)3791(代) FAX 04(47196)3799

ここでは紹介しきれいない製品を多種、多様に
取り揃えております。
弊社ホームページを是非一度ご覧ください。

http://www.paperware.co.jp
sales@paperware.co.jp

関連資材
機械

食品 パッケージ用品一式

お料理に合わせて数多くの種類を ご用意しております。

ケミカラーシート

鮮やかな緑でお刺身を引き立てます。

各種サンプル依頼お待ちしております。

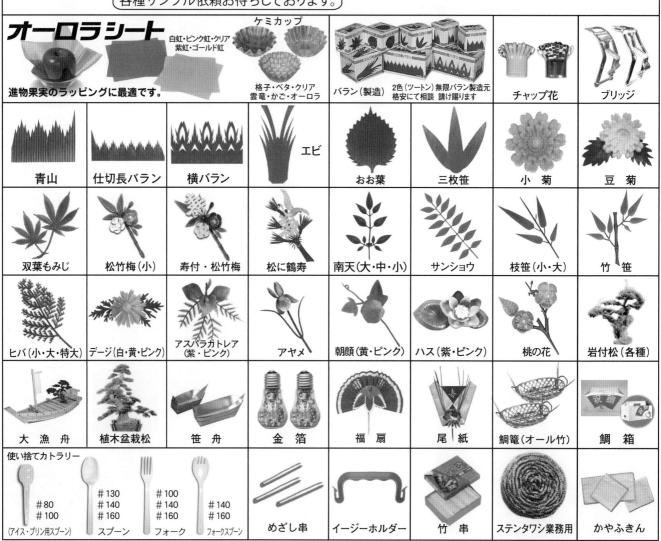

オーロラシート
白虹・ピンク虹・クリア
紫虹・ゴールド虹
進物果実のラッピングに最適です。

ケミカップ
格子・ベタ・クリア
雲竜・かご・オーロラ

バラン（製造）
2色（ツートン）無限バラン製造元
格安にて相談 請け賜ります

チャップ花

ブリッジ

青山	仕切長バラン	横バラン	エビ	おお葉	三枚笹	小菊
豆菊	双葉もみじ	松竹梅（小）	寿付・松竹梅	松に鶴寿	南天（大・中・小）	サンショウ
枝笹（小・大）	竹笹	ヒバ（小・大・特大）	デージ（白・黄・ピンク）	アスパラガトレア（紫・ピンク）	アヤメ	朝顔（黄・ピンク）
ハス（紫・ピンク）	桃の花	岩付松（各種）	大漁舟	植木盆栽松	笹舟	金箔
福扇	尾紙	鯛篭（オール竹）	鯛箱	めざし串	イージーホルダー	竹串
ステンタワシ業務用	かやふきん					

使い捨てカトラリー
#80 #100（アイス・プリン用スプーン）
#130 #140 #160 スプーン
#100 #140 #160 フォーク
#140 #160 フォークスプーン

◎スーパー.外食.医療（厨.包.衛.店舗.備.庫.材）関連資材の総合メーカー！

新日本ケミカル・オーナメント工業株式会社

食品包装資材	刺身ブリッジ、造花、弁当用しょうゆ・ソース、バラン、紙コップ、アルミホイル、シリコンペーパー他	**季節装飾**	正月用飾り（福扇・尾紙・鯛かご・松竹梅飾・金箔）、チャップ花、ツリー他
包装機械	卓上シーラー、足踏シーラー、ラップカッター、パワーラップ真空包装機他	**介護衛生資材**	便座シート、手袋（PVC、ラテックス、PE、ニトリル）、マスク及び帽子（紙、不織布、電着）、前掛（使い捨）
外食産業用品	キッチンタオル（不織布）、プラスプーン・フォーク、使い捨て（まな板・エプロン・手袋・各種）他	**開店備品**	スーパーかご、ワンタッチワゴン、ラップカッター、人工芝（水・肉・青果）、別注のぼり一式他
厨房調理道具	業務用まな板（PE、抗菌、合成ゴム）、炊飯ネット、前掛（ワンタッチ他）、厨房シューズ、白長靴他	**物流用品**	搬入台車、積み上げテナー、ボックステナー、日除けシート、運搬台車他
包装衛生	手袋（エンボス、手術用タイプ他）、マスク及び帽子（紙、不織布、電着）、前掛（PVC、ウレタン）他	**倉庫用品**	スチール棚（軽中量・中量用）、ステンレス棚、ストックカート、多目的車他

食品 スーパー開店設備品一式

sncom シリーズ
シーラー（各種製造）

ケミカルシーラー

足踏シーラー各種　真空包装機各種　ラップパッカー

PSE 電気用品安全法届出済

（ロール）　（肉芝）　人工芝　平竹スノコ　ティーリーフ ガーランド仕切　ガーランド

サワーネット　ブロックディバイダー　2段ダミー　POPスタンド　買物かご　かご台車　ショッピングカート

ハンドカー　中量棚　ボックステナー　ストックカート　ストックカート　トレイラック　流し台　作業台

折りたたみ式ワゴン　幌付型ワゴン　電撃殺虫器　エアータオル　足温器　ケミカルスイーパー　バックシーラー　ケミカルタイマー

のれん　のぼり　提灯　ハッピ　ポール・注水台　紅白幕　紙幣枚数計算器

まな板　バット類　包丁　ブリッジ　鍋・フライパン類　分別回収ネット

http://www.sncom.jp
E-mail : info@sncom.co.jp

販売代理店募集中

本　社 〒596-0804 大阪府岸和田市今木町101番地　TEL/072（443）3050（代表）
本　社 FAX/072（443）6598（161可）　埼　玉 TEL/048（969）5700（越谷市）　福　岡 TEL/092（631）2395（東　区）
名古屋 TEL/052（561）5520（中村区）　福　岡 TEL/092（940）5711（新宮町）　東　京 TEL/03（3872）1491（台東区）
仙　台 TEL/022（283）0760（宮城野区）　札　幌 TEL/011（753）7770（東　区）

139

クリーン用品製造

各種手袋製造
手 袋

シルキーグローブ（半透明）

使い捨て手袋は、当社にお任せ下さい！（他社商品と比べて下さい）

シルキーグローブ（ブルー）

ハイデングローブ

ハイボスグローブ

クリスターグローブ

ニュー ケミカルグローブ

淡水色（超厚手）
35N
ニトロングローブシリーズ

非フタル酸
プロタイトグローブ

タイトロングローブ

粉あり 粉なし
ディスポグローブ

強力ストレッチ
ピタットグローブ

長さ45cm 長さ53cm 長さ60cm 長さ78cm
ロンググローブ

透明タイプ
不織布タイプ
マスク

笑顔が見える透明マスク
クリスターマスク®
平型
・お客様に笑顔で対応！
・長時間着用でも快適！
・繰り返し使用でコスト削減
特許庁：実用新案権取得済

ポンキーマスクE/X 3層式
プリーツ4つ折り構造の特徴
広げると立体的
表面・裏面がわかりやすい
お化粧崩れしにくい
内付き組で顔の輪郭にフィットしやすい
※（一財）カケンテストセンター

微粒子ろ過効率（PFE）95%以上
細菌ろ過効率（BFE）95%以上※

2層式
ポンキーマスク(D/X)耳掛け式

2層式
ポンキーマスク(D/X)頭掛け式

3層式
バクテリンマスク(D/X)

サージカル欧州規格EN14683相当
微粒子ろ過効率（PFE）99.9%
細菌ろ過効率（BFE）99.9%

洗えるマスク 打抜式
ウレタンマスク

フェースシールド

ゴーグル

粘着ローラー
本体
スペア：T80
スペア：T120
スペア：S160

クリーン用品製造

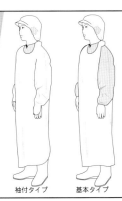

使い捨てエプロン

用途に合わせてカラーやタイプがお選び頂きます！

- ■エンゼルエプロン（ブルー）
- ■リカエプロン
- ■ビガーエプロン
- ■ミルキーエプロン
- ■ポンキーエプロン（半透明・ブルー）
- ■ポンキー袖付エプロン（半透明・ブルー）

その他

袖付タイプ

基本型

袖付タイプ　基本タイプ

使い捨てコート

工場見学・イベント野外活動など色々な場面で活躍！

ポケットコート（フード無）　ポケットコート（フード付）　ドクターコート（不織布）

防護服カバーオール

不織布防護服 ケミガード（フード付）

防護服に関する国際規格
ISO 13034
ISO 13982-1
適合

不織布カバーオール（フード付）　不織布カバーオール（フード無）

～不織布～ 電着帽

頭髪落下防止用

 電着帽 天クロス（ツバ付）
 電着帽 天メッシュ
 電着帽 天クロス
 電着帽ミルキーキャップ
 電白帽 頭巾型

使い捨て帽子 不織布

 キャタピラーキャップ
 ミルキーキャップ（ツバ無）
 ミルキーキャップ（ツバ付）
 クリーン帽子（ツバ付）
 クリーン帽子（ヒモ付）

布帽

繰り返し使えて経済的

 デリカメッシュキャップ（白・黒）
 デリカヘアーネット（白・黒）
 デリカヘアーネット（白）マジックテープ付
 布帽子（天クロス）
 布帽子（天メッシュ）

http://www.sncom.jp
E-mail：info@sncom.co.jp

販売代理店募集中

本　社　〒596-0804　大阪府岸和田市今木町101番地　TEL/072（443）3050（代　表）
本　社　FAX/072（443）6598（161可）　埼　玉　TEL/048（969）5700（越谷市）　福　岡　TEL/092（631）2395（東　区）
名古屋　TEL/052（561）5520（中村区）　福　岡　TEL/092（940）5711（新宮町）　東　京　TEL/03（3872）1491（台東区）
仙　台　TEL/022（283）0760（宮城野区）　札　幌　TEL/011（753）7770（東　区）

食品 パッケージ用品製造

盛り付けの美しさをそこなわない！ **トップガード**

☆ラッピングマシーン対応

新型の丸珠付は
今までにない
使いよさ！

※当社の特許品です。

サイズ色々
取り揃えております。

保冷・保温袋 **アルバッグシリーズ**

持ち手なしタイプも加わりました！

≪平袋≫　　≪自立式≫

▲持ち手付タイプ　▲持ち手なしタイプ

自立式(A)

100mm

お弁当・惣菜に最適なサイズ！
持ち手なしタイプ

アル手バッグ　　アルクーラー

ばんじゅう用
アルカルター　　アルシート

ボックステナー用
アルカルター

アルミホイル

サイズ：①＃12×幅30cm×長さ50m
　　　　②＃15×幅30cm×長さ50m

レーヨン100％

ケミフレックス 厚手

オーロラシート

白虹・ピンク虹・クリア
紫虹・ゴールド虹

進物果実のラッピングに最適です。

お料理に合わせて数多くの種類を
ご用意しております。

ケミカラーシート

チャップ花

高品質パールフィルム使用
油分が表面に、にじみ出ない！

（パールホワイト）　（銀）

ケミカップ

格子・ベタ・クリア
雲竜・かご・オーロラ

天ぷら
敷紙

三層和紙でシンプルに
和紙のよさを生かした折鍋は、
目でも楽しめる演出小物。

紙鍋（角型）

保冷剤

分別回収ネット

ARBOS
アルサワー
（アルコール液）

日除け
シート

食品 パッケージ用品製造

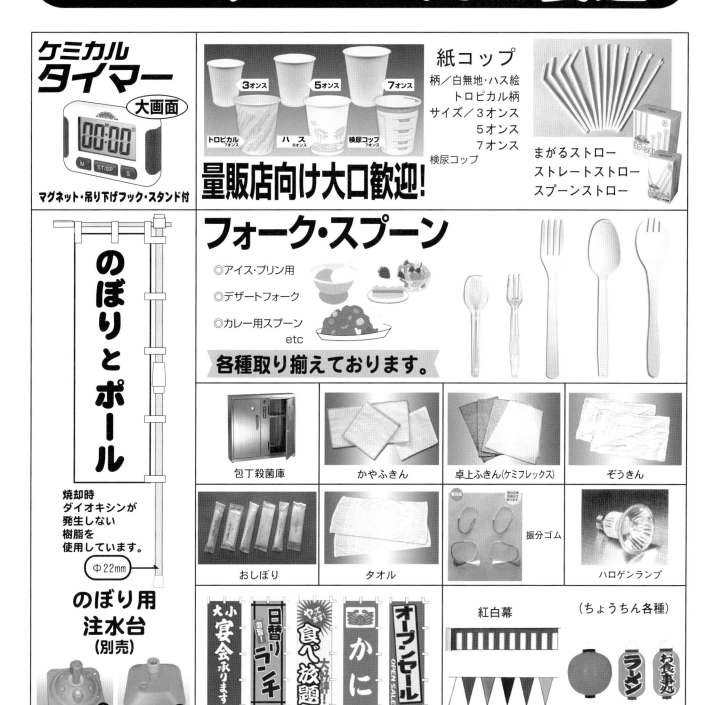

ケミカルタイマー

大画面

マグネット・吊り下げフック・スタンド付

紙コップ

柄／白無地・ハス絵
トロピカル柄
サイズ／3オンス
5オンス
7オンス
検尿コップ

3オンス　5オンス　7オンス
トロピカル 7オンス　ハス 5オンス　検尿コップ 7オンス

量販店向け大口歓迎！

まがるストロー
ストレートストロー
スプーンストロー

のぼりとポール

焼却時
ダイオキシンが
発生しない
樹脂を
使用しています。

Φ22mm

のぼり用
注水台
（別売）

小　大

フォーク・スプーン

◎アイス・プリン用
◎デザートフォーク
◎カレー用スプーン
　etc

各種取り揃えております。

包丁殺菌庫　かやふきん　卓上ふきん（ケミフレックス）　ぞうきん

おしぼり　タオル　振分ゴム　ハロゲンランプ

大小宴会承ります　日替りランチ　食べ放題　かに　オープンセール

のぼり各種（別註品出来ます。）

紅白幕　（ちょうちん各種）

三角旗　ラーメン　お食事処

厨房調理道具製造

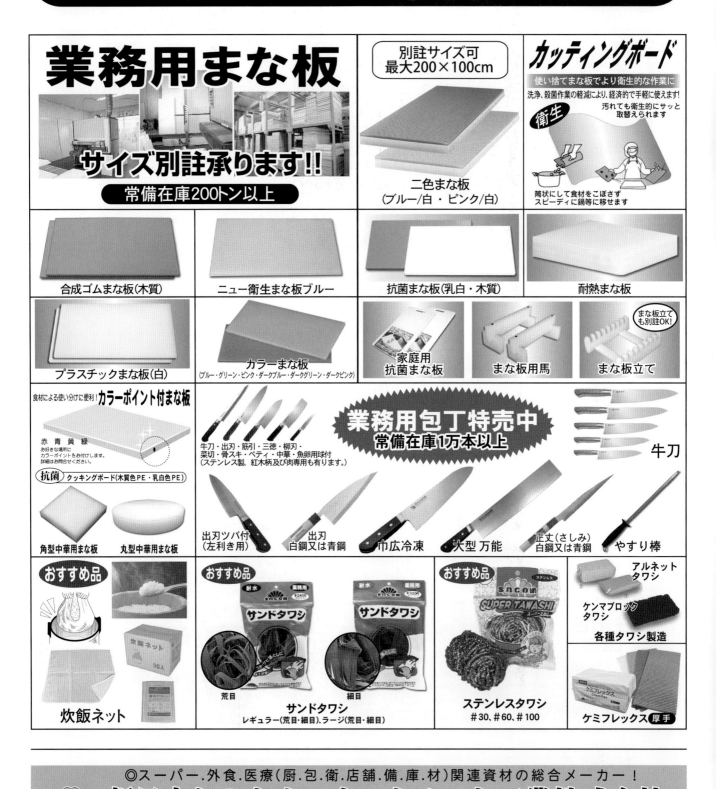

業務用まな板

サイズ別註承ります!!

常備在庫200トン以上

別註サイズ可
最大200×100cm

二色まな板
（ブルー/白・ピンク/白）

カッティングボード

使い捨てまな板でより衛生的な作業に

洗浄、殺菌作業の軽減により、経済的で手軽に使えます!

衛生

汚れても衛生的にサッと取替えられます

筒状にして食材をこぼさずスピーディに鍋等に移せます

合成ゴムまな板（木質）

ニュー衛生まな板ブルー

抗菌まな板（乳白・木質）

耐熱まな板

プラスチックまな板（白）

カラーまな板
（ブルー・グリーン・ピンク・ダークブルー・ダークグリーン・ダークピンク）

家庭用
抗菌まな板

まな板用馬

まな板立て

まな板立ても別註OK!

食材による使い分けに便利! カラーポイント付まな板

赤 青 黄 緑
お好きな場所に、カラーポイントをお付けします。詳細はお問合せください。

抗菌 クッキングボード（木質色PE・乳白色PE）

角型中華用まな板

丸型中華用まな板

牛刀・出刃・筋引・三徳・柳刃・菜切・骨スキ・ペティ・中華・魚卵用球付
（ステンレス製、紅木柄及び肉専用も有ります。）

業務用包丁特売中
常備在庫1万本以上

牛刀

出刃ツバ付
（左利き用）

出刃
白鋼又は青鋼

巾広冷凍

大型 万能

正丈（さしみ）
白鋼又は青鋼

やすり棒

おすすめ品

炊飯ネット
30入

炊飯ネット

おすすめ品

耐水 業務用 sn.com ¥240

耐水 業務用 sn.com ¥320

サンドタワシ

荒目

細目

サンドタワシ
レギュラー（荒目・細目）、ラージ（荒目・細目）

おすすめ品

sn.com
SUPER TAWASHI
スーパーたわし

ステンレス

ステンレスタワシ
#30、#60、#100

アルネットタワシ

ケンマブロックタワシ

各種タワシ製造

ケミフレックス 厚手

◎スーパー.外食.医療（厨.包.衛.店舗.備.庫.材）関連資材の総合メーカー!

sn.com 新日本ケミカル・オーナメント工業株式会社

食品包装資材 刺身ブリッジ、造花、弁当用しょうゆ・ソース、バラン、紙コップ、アルミホイル、シリコンペーパー他	**季節装飾** 正月用飾り（福扇・尾紙・鯛かご・松竹梅飾・金箔）、チャップ花、ツリー他
包装機械 卓上シーラー、足踏シーラー、ラップカッター、パワーラップ真空包装機他	**介護衛生資材** 便座シート、手袋（PVC、ラテックス、PE、ニトリル）、マスク及帽子（紙、不織布、電着）、前掛（使い捨）
外食産業用品 キッチンタオル（不織布）、プラスプーン・フォーク、使い捨てまな板・エプロン・手袋・各種他	**開店備品** スーパーかご、ワンタッチワゴン、ラップカッター、人工芝（水・肉・青果）、別注のぼり一式他
厨房調理道具 業務用まな板（PE、抗菌、合成ゴム）、炊飯ネット、前掛（ワンタッチ他）、厨房シューズ、白長靴他	**物流用品** 搬入台車、積み上げテナー、ボックステナー、日除けシート、運搬台車他
包装衛生 手袋（エンボス、手術用タイプ他）、マスク及び帽子（紙、不織布、電着）、前掛（PVC、ウレタン）他	**倉庫用品** スチール棚（軽中量・中量用）、ステンレス棚、ストックカート、多目的車他

厨房調理道具製造

前掛各種製造

丈夫なターポリン、軽いウレタン、経済的なPVC
ディスポタイプのPE素材をご用意しております。

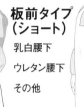

ワンタッチ前掛タイプ
- ワンタッチ胸付
- ワンタッチ腰下
- 軽タッチ胸付
- ワンタッチウレタン
- その他

胸付前掛タイプ
- ターポリン胸付
- クリア胸付
- 乳白胸付
- ウレタン胸付
- ガッツエプロン
- カルツロン胸付
- 半タッチコリナイ胸付
- その他

腰下前掛タイプ
- ターポリン腰下
- クリアー腰下
- ウレタン腰下
- その他

板前タイプ（ショート）
- 乳白腰下
- ウレタン腰下
- その他

PEタイプ
- エンゼルエプロン（ブルー）
- リカエプロン
- ビガーエプロン
- ミルキーエプロン
- ポンキーエプロン（半透明・ブルー）
- ポンキーそで付エプロン（半透明・ブルー）
- その他

≪用途に合わせて多種多様なデザインからお選びいただけます≫

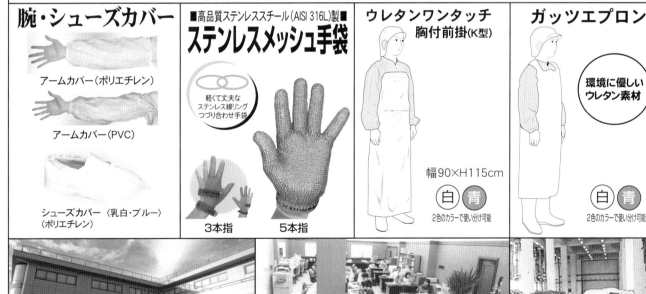

腕・シューズカバー
- アームカバー（ポリエチレン）
- アームカバー（PVC）
- シューズカバー〈乳白・ブルー〉（ポリエチレン）

■高品質ステンレススチール（AISI 316L）製■ ステンレスメッシュ手袋
軽くて丈夫なステンレス線リングつづり合わせ手袋
3本指　5本指

ウレタンワンタッチ胸付前掛(K型)
幅90×H115cm
白 青
2色のカラーで使い分け可能

ガッツエプロン
環境に優しいウレタン素材
白 青
2色のカラーで使い分け可能

本社社屋　事務所内　工場内

http://www.sncom.jp
E-mail : info@sncom.co.jp

販売代理店募集中

本　社　〒596-0804　大阪府岸和田市今木町101番地　TEL/072(443)3050(代　表)
本　社　FAX/072(443)6598(161可)　埼　玉　TEL/048(969)5700(越谷市)　福　岡　TEL/092(631)2395(東　区)
名古屋　TEL/052(561)5520(中村区)　福　岡　TEL/092(940)5711(新宮町)　東　京　TEL/03(3872)1491(台東区)
仙　台　TEL/022(283)0760(宮城野区)　札　幌　TEL/011(753)7770(東　区)

使う人にやさしい → **ナックスの2種の新フックで、作業効率大幅UP！！**

軽いタッチで取付できて、驚くほど外れにくい →

口紙ヘッダーやOP袋へ取り付けるおなじみのフックを、さらに使いやすく改造しました

セパフック

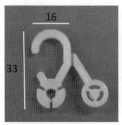
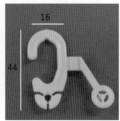
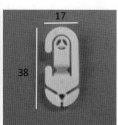

セパフックNo.15	MS回転セパフック	セパフックNo.8
材質：ポリプロピレン	材質：ポリプロピレン	材質：ポリプロピレン
カラー：乳白・黒	カラー：白・黒	カラー：乳白・黒
1C/S：20,000個	1C/S：10,000個	1C/S：25,000個
（1,000個×20袋）	（400個×25袋）	（1,000個×25袋）

セパロック構造の進化系フック

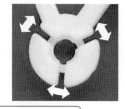

●三つの羽の間がクッションになるため、軽い力で嵌合できます。
取り付け時に反動・衝撃を軽減するので、作業する人の手にやさしく、作業効率もUPします。
●フック取り付け後に引っ張ると、羽の間が締まり、オスの頭を抱き込んで嵌合が強まります。強い嵌合力で品物からフックが外れることを防ぎます。

PP製：軽い力で取り付けできるため、硬質な樹脂選択も可能になりました

台紙へ着脱しやすい新発想のボード用フック →

台紙に取り付けるタイプのフックが、付け外ししやすい形状になって生まれ変わりました

ブレイクフリー
BFフック

材質HIPS　カラー白　1袋入数100個

BFフック規格表

品番	台紙厚	サイズ	軸径
BF-2-15	2mm厚	15mm	5.0
BF-2-30		30mm	5.0
BF-2-40		40mm	5.0
BF-2-50		50mm	5.5
BF-2-60		60mm	6.0
BF-2-70		70mm	6.5
BF-2-80		80mm	6.5
BF-2-90		90mm	6.5
BF-2-100		100mm	6.5
BF-2-110		110mm	6.5
BF-2-120		120mm	6.5
BF-2-130		130mm	6.5
BF-3-50	3mm厚	50mm	5.5
BF-3-60		60mm	6.0
BF-3-70		70mm	6.5
BF-3-80		80mm	6.5

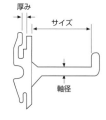

厚み / サイズ / 軸径

12mm / 19.5mm
参考穴サイズ
（12×19.5mm）
一般的なボード用フックの抜き穴で使用可能です

上ツメを押し上げれば、簡単に取付け、取外しできます

上ツメの間を台紙穴上部に挿します　／　下ツメを台紙穴へ押込みます　／　下ツメが台紙穴に挟まるように下へ落とします

PLASTIC PACKAGING GOODS
NAX　ナックス株式会社

本社
〒550-0003大阪市西区京町堀3-9-7
TEL 06-6447-7861（代）　FAX 06-6447-7862
東京営業所
〒110-0015東京都台東区東上野6-2-3エクシードビル2階
TEL 03-5827-1106

http://www.e-nax.co.jp　　E-mail　info@e-nax.co.jp

Q.

5つの表示間違いを見つけてください。

4色テスト機サンプル印刷受付中!
ラボラトリー見学企画大好評!

高精度CI 8色/10色フレキソ印刷機

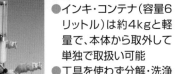

基本仕様
印刷速度:400m/min
印刷幅:820/1100/1300/1700mm
印刷リピート長:435〜900mm

特徴
●ショートランでの稼働率向上
●印刷品質の向上
●印刷ロスの低減
●高速安定性の向上

テスト機での印刷サンプルも、紙(4色)・透明フィルム(厚さ2種類)・乳白色フィルム、各種ご用意できました。

Watergreen Lab

CIフレキソ印刷機「Watergreen」の4色テスト機、プレート・マウンタ、スリーブカート、インキ循環装置が設置されているラボラトリーです。

実機見学の皆様より御好評頂いております。性能向上の為の調整・改造を日々実施しております。印刷テスト、ラボへの見学をご希望の方はお問合せ下さい。

見学お問合せは
TEL:0475-55-2135 (担当:営業部・鈴木)

小型インキ循環装置

特徴
●インキ・コンテナ(容量6リットル)は約4kgと軽量で、本体から取外して単独で取扱い可能
●工具を使わず分解・洗浄でき、軽量で取扱え、準備が容易

プレート・マウンタ

刷版をスリーブから剥ぎ取り、
次に使う刷版をスリーブ上の正確な位置に貼ります。

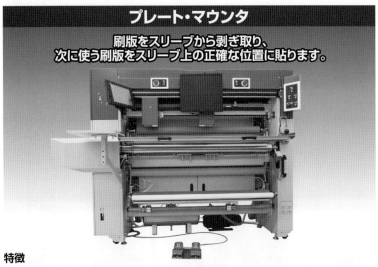

特徴
●自動アライメント機能搭載。手作業よりも高精度で迅速な刷版の位置決め可能。
●版とクッション・テープを剥がす装置搭載。
●スライド・カッターにより理想的な45°の角度でクッション・テープをカット。テープ継合せ部分の膨らみを抑え、印刷品質の向上に貢献。

スリーブ・ストレージ

特徴
●移動が容易なラックはご要望に併せて増設が可能
●異なる径のスリーブに対応可能。工具レスで配置変更できる
●スリーブ保護用シート、落下防止ベルト装備

総武機械株式会社

〒283-0824 千葉県東金市丹尾30-6 TEL:0475-55-2135 FAX:0475-53-1400
URL http://www.sobukikai.co.jp E-mail sobu@sobukikai.co.jp

毛髪混入防止のお手伝い！

情報も一緒にお届けします。

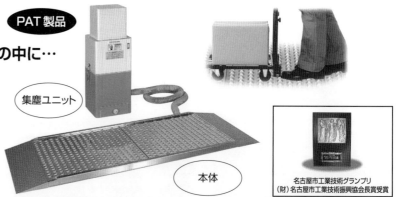

曲面印刷機（ドライオフセット印刷機）の生産性向上に
印刷版への特殊コーティング処理

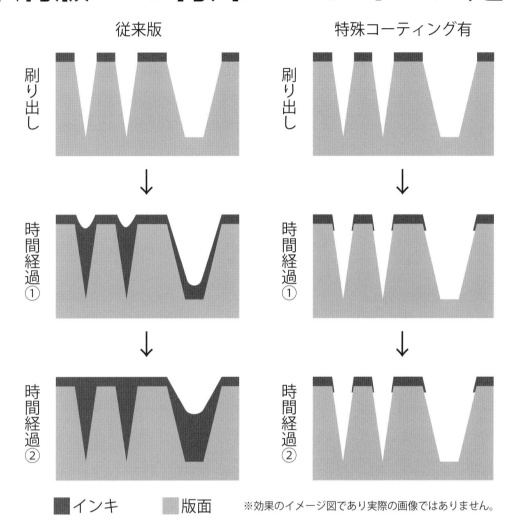

従来版　　　　　　　特殊コーティング有

刷り出し　　　時間経過①　　　時間経過②

■インキ　■版面　※効果のイメージ図であり実際の画像ではありません。

特殊コーティングを施すと

- ●抜き文字、細字、網点部等へのインキ詰まりが画期的に軽減されます。
- ●版へのインキの堆積が防げますので、印刷品質が長期に渡り安定します。
- ●印刷途中での版洗浄に関わる資材、時間等諸々のロスが画期的に軽減され、印刷機の稼働率が向上します。
- ●異物（ゴミ等）の付着が発生してしまった場合でも、版上に長期に滞在することがありません。
- ●版交換時等の版洗浄作業が飛躍的に軽減されます。

ホームページをリニューアルしました。http://tokuabe.com

株式会社 特殊阿部製版所

本　　社：東京都江東区平野3-8-6　　tel 03-3643-5311　fax 03-3643-5314
北関東営業所：栃木県佐野市大橋町3204-4　tel 0283-23-4133　fax 0283-23-6377

ヤマガタグラビヤのオリジナルマシーンは、包装工程の合理化・管理強化のこれからをみつめています!

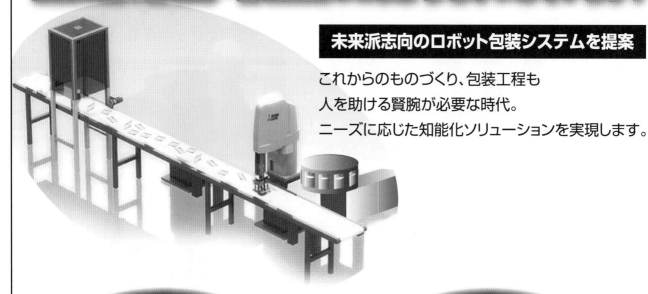

未来派志向のロボット包装システムを提案

これからのものづくり、包装工程も
人を助ける賢腕が必要な時代。
ニーズに応じた知能化ソリューションを実現します。

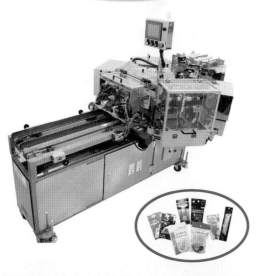

YZ-100型自動包装機 PAT.

バージンシール機 PAT.

■**セリースパック**。(ヘッダー吊下げパック) の自動包装化にベストマッチ
■給袋包装機では、コンパクトで高速タイプ ※(50〜70パック/分)
■化粧品、医薬品、医薬部外品、日用雑貨など幅広い分野で実績豊富
※機械能力は、内容商品とパッケージサイズにより変化します

■改ざん防止、品質保持、初期使用感、高級感の問題を一括解決
■新しい打抜き・位置合わせ機構の採用で、容器口径と蓋材が同寸法でもヒートシールOK
■ニーズに合わせたシステムカスタマイズも可能
※アルミ箔ラミネートフィルムは、当社営業マンにご相談ください

 **株式会社ヤマガタグラビヤ**

本 社 工 場 〒581-0038 大阪府八尾市若林町2-99　TEL 072-949-9456　FAX 072-949-9792
東京営業所 〒111-0034 東京都台東区雷門2-4-9 明祐ビル4階　TEL 03-3841-8451　FAX 03-5246-7135
木更津営業所 〒292-0036 千葉県木更津市菅生878-1　TEL 0438-30-9777　FAX 0438-98-6777
四国営業所 〒769-0301 香川県仲多度郡まんのう町佐文779-6　TEL 0877-56-4078　FAX 0877-75-0990

URL http://www.yamagata-group.co.jp/　E-mail:info@yamagata-group.co.jp

2021 包装関連資材カタログ集

2020年10月30日発行
定価　本体900円＋税

編集・発行　　㈱クリエイト日報（出版部）
東　　　京　　〒101-0061　東京都千代田区神田三崎町3-1-5
　　　　　　　TEL　03（3262）3465／FAX　03（3263）2560
大　　　阪　　〒541-0054　大阪市中央区南本町1-5-11
　　　　　　　TEL　06（6262）2401／FAX　06（6262）2407

URL　http://www.nippo.co.jp/

印　刷　　岡本印刷株式会社
TEL 03（5733）2577

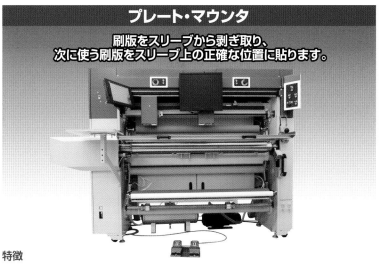